铝电解废阴极综合处理

袁 杰 著

北 京

冶 金 工 业 出 版 社

2021

内 容 提 要

本书共分 7 章，总结介绍了铝电解废阴极的形成与危害、资源化利用情况及不同处理工艺发展现状。基于废阴极中碳质材料回收品位不高的状况，作者围绕碱熔-酸浸法、碱熔酸浸分离纯化处理等关键技术，全面系统阐述了铝电解废阴极中炭及有价组分的综合回收处理，建立了废阴极处理工艺流程图，为冶金固体废弃物资源化利用提供了新思路。

本书可供冶金固体废弃物领域的研究人员阅读，也可供大专院校相关专业的师生参考。

图书在版编目 (CIP) 数据

铝电解废阴极综合处理/袁杰著. —北京：冶金工业出版社，2021.9
ISBN 978-7-5024-8887-1

Ⅰ.①铝…　Ⅱ.①袁…　Ⅲ.①氧化铝电解—废物综合利用　Ⅳ.①X756

中国版本图书馆 CIP 数据核字 (2021) 第 193240 号

出 版 人　苏长永
地　　址　北京市东城区嵩祝院北巷 39 号　邮编　100009　电话　(010)64027926
网　　址　www.cnmip.com.cn　电子信箱　yjcbs@cnmip.com.cn
责任编辑　郭雅欣　美术编辑　吕欣童　版式设计　禹　蕊
责任校对　葛新霞　责任印制　李玉山
ISBN 978-7-5024-8887-1
冶金工业出版社出版发行；各地新华书店经销；北京虎彩文化传播有限公司印刷
2021 年 9 月第 1 版，2021 年 9 月第 1 次印刷
710mm×1000mm　1/16；9.75 印张；201 千字；148 页
66.00 元

冶金工业出版社　投稿电话　(010)64027932　投稿信箱　tougao@cnmip.com.cn
冶金工业出版社营销中心　电话　(010)64044283　传真　(010)64027893
冶金工业出版社天猫旗舰店　yjgycbs.tmall.com
(本书如有印装质量问题，本社营销中心负责退换)

前　言

近年来，中国已成为世界上最大的原铝生产国和消费国，2020年铝产量为3708万吨，占世界铝产量的57.18%。金属铝以其优良的理化性能在我们的日常生活中发挥着重要作用，霍尔-埃鲁特熔盐电解法是当前铝冶炼生产的主要工艺。运行一定年限后的铝电解槽因槽衬破损大修排放的废阴极炭块含有大量的碳质材料及其他可利用组分，露天堆存的废阴极是潜在的集中危险源。

随着资源的日趋匮乏和工业废弃物排放量的持续增长，如何实现废弃物综合回收和资源循环利用是行业从业人员亟待解决的一大难题。作为铝电解行业重要的固体废弃物，我国铝电解废阴极炭块平均年排放量已突破30万吨关口并将在相当长一段时间内维持于高位，对废阴极炭块的清洁、高效地分离回收与综合利用将是其处理工艺的主导方向。

基于铝电解废阴极炭块中主要组分碳质材料的含量较高，本书以炭回收为主要研究指标，以国内电解槽大修排放的废阴极炭块为研究对象，综合现有处理工艺及其优化的基础上，借鉴粉煤灰、煤矸石等固体废弃物处理工艺，提出废阴极炭块综合回收新方法，实现炭和无机盐的高效分离。

针对铝电解废阴极综合处理研究，本书分为7章。第1章概述了铝电解废阴极的产生与危害、处理现状及主要处理工艺对比；第2章简述了废阴极综合处理实验基础与工艺流程；第3章针对国内多家铝电解企业排放的废阴极进行理化性能剖析，探索研究不同产地废阴极的异同，明确炭质与碳质材料镶嵌赋存状态；第 4 章采用碱熔-酸浸法分离纯化废阴极中的炭，对比了常规机械搅拌和超声波辅助搅拌浸出实验效果，进行了浸出过程热力学与动力学分析；第 5 章在碱熔-酸浸法实验基础上，采用低温碱熔-酸浸法深度提纯废阴极中碳质材料，获得了纯度不低于99%的炭粉，并综合回收处理废阴极中非碳有价元素与实验废水，确定了废阴极炭深度纯化工艺流程图，实现了废阴极炭与有价组分综合回收；第 6 章分析论证了废阴极中无机盐氧化铝、冰晶石等杂质在碱浸过程中与碳基体分离的理论基础，推测了碱熔过程复杂无机盐杂质可能发生的化学反应方程式，热力学计算验证了所推测方程式的反应可行性，明确了废阴极综合处理机制；第 7 章总结废阴极综合处理研究结果。

　　本书许多研究工作得到了中南大学冶金与环境学院轻金属与工业电化学研究所的大力支持，感谢肖劲教授、田忠良教授、周向阳教授等许多老师对相关科学研究工作的辛勤付出和指导。感谢国家自然科学青年基金项目（项目号51904150）、贵州省科技计划项目（项目号黔科合基础〔2020〕1Y225）、贵州省科技拔尖人才支持计划项目（项目号黔教合 KY 字〔2019〕056）、贵州省煤炭洁净利用重点实验室（黔科合平台人才〔2020〕2001）、六盘水铝生产与应用重点实验室（项目号 52020-2019-05-09）、六盘水师范学院冶金固废资源综合利用科技创新团队（项目号 LPSSYKJTD201801）和六盘水师范学院冶金工程重点学科给予本书研究与出版工作的资助支持。

　　由于作者水平所限，书中不足之处，敬请广大读者批评指正。

袁志
2021 年 2 月

目　录

1 绪 论

<<<<<<<<<<<<<<<<<<<<<<<<<<<<<<<<<<<<<<<<<<<<<<<<<<<<<<<<<<

1.1 概述

作为地壳中含量最为丰富（质量分数约8%）的金属元素，铝是一种银白色活泼金属，难溶于水，可溶于常见强酸（盐酸、稀硫酸、硝酸等）和强碱液（氢氧化钠溶液、氢氧化钾溶液等）并与之发生化学反应[1]。与其他金属相比，铝具有明显特性优势：轻量性佳、导电性和导热性良好、再生循环性强；耐腐蚀性强，能够应用于潮湿、日照时间长及其他较恶劣环境；具有良好的耐药性、抗菌性、表面化学性能等化学性能；成型性强、延展性好、可塑性突出。

近年来，中国已成为世界上最大的原铝生产国和消费国[2]，金属铝以其优良的理化性能正伴随着经济发展的脚步走进我们的日常生活。

铝的相对密度约为钢铁和铜的1/3，常用于制造交通工具、桥梁建筑以及质量轻的容器；导电性为铜的60%左右，且价格低廉，因此铝电导线应用广泛；极佳的导热性是热交换器、冷气机散热片以及家庭五金选择铝作为原料的主要因素之一；高强度铝合金是制造桥梁、压力容器、建筑结构材料、高铁飞机等机械设备的主要原材料。金属表面形成的致密氧化膜使得铝具有更好的耐腐蚀性，可用于食品级包装、机械制造、耐用消耗品等行业；铝热剂常用于难熔金属熔炼或钢轨焊接过程中的催化剂，也是炼钢工艺中常用的脱氧剂。

金属铝的应用广泛，但原铝工业冶炼工艺较为单一。1886年，两位科学家Hall和Héroult在美国科学家Bradly提出的基于氧化铝可溶于熔融冰晶石的特性，在电解冰晶石-氧化铝熔盐提铝方案的基础上，不约而同地提出了冰晶石-氧化铝熔盐电解制备单质铝的生产专利。霍尔-埃鲁特熔盐电解法[3]是当前铝冶炼生产的主要工艺，也是唯一的工业级生产工艺。该工艺以熔融态冰晶石（Na_3AlF_6）为电解质，碳素材料为阴极和阳极，在直流电作用下，电解质温度950~970℃，阳极与溶解于电解质中的氧化铝在电解槽中反应生成阳极气体CO和CO_2，阴极析出单质铝。整个电化学反应方程式见式（1-1）~式（1-3）[4,5]。

主要电解反应：

$$2Al_2O_{3(soln)} + 3C(s) = 4Al(l) + 3CO_2(g) \qquad (1-1)$$

副反应：

$$2Al_{(soln)} + 3CO_2(g) = Al_2O_{3(soln)} + 3CO(g) \qquad (1-2)$$

$$C(s) + CO_2(g) = 2CO(g) \qquad (1\text{-}3)$$

作为霍尔-埃鲁特熔盐电解法炼铝工艺的核心设备[6]，铝电解槽经历了小型预焙槽、侧部导电自焙槽、上部导电自焙槽、大型预焙槽以及中间下料预焙槽等多个发展阶段。电解槽的结构演变就是一部现代铝电解生产工艺发展史。图1-1所示为铝电解中间下料预焙电解槽示意图。

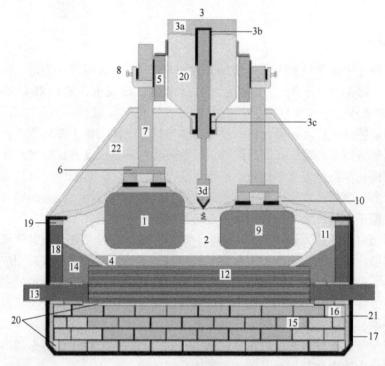

图 1-1 铝电解槽示意图

1—炭阳极；2—电解质；3—下料结构；3a—料仓；3b—气缸；3c—定量室；3d—打击头；4—铝液；
5—母线大梁；6—阳极钢爪；7—阳极导杆；8—阳极卡具；9—阳极炭块；10—上层覆盖料；
11—凝固电解质；12—炭阴极；13—阴极钢棒；14—人造伸腿；15—耐火砖；16—保温砖；
17—电解槽钢结构；18—侧部炭块；19—浇注料；20—氧化铝防渗料；21—岩棉；22—气体收集盖板

1.2 铝电解废阴极简介

1.2.1 废阴极的产生

世间万物，皆有始终，铝电解槽不外如是。一般在运行 3~10 年[7~9]后，铝电解槽因为槽底阴极材料的破损，需要停槽大修；大修槽排放的废槽衬[10]主要包含废阴极炭块、耐火材料、保温材料、侧部炭块等。铝电解废阴极是阴极材料在服役期间遭受高温、高腐蚀性熔体的持续性侵蚀冲刷以及强电流强磁场的直接作用下发生不同程度的破损而产生的[11,12]。作为一个多耦合、大时滞、非线性的工业体系[13]，铝电解生产过程中能量平衡与物料平衡状态处于持续建立与破坏状态，导致槽况特征复杂多变，也造成了繁复纷乱的槽内阴极材料破损机制。铝电解阴极炭块破损机理主要有以下几个方面。

1.2.1.1 高温电解质和金属钠的侵蚀

阴极材料的开气孔率约 $10\% \sim 25\%$，导致其可渗透性达 $150 \sim 650$m Darcy[14]。电解质熔融冰晶石、铝液等难以渗透炭，但较高的开气孔率导致的高可渗透性使得阴极炭块在长时间服役过程中被电解质和铝液渗透侵蚀。一般认为，铝电解过程中氟化钠和高温铝液反应产生了金属钠，见式（1-4）和式（1-5）[15]。

$$Al(液) + 3NaF \Longrightarrow 3Na(炭中) + AlF_3(电解质中) \qquad (1-4)$$

或电化学反应产生钠单质：

$$Na^+ + e \Longrightarrow Na \qquad (1-5)$$

当前学术界关于钠对炭阴极的渗透机理没有统一定论，主要有 Dell 的钠蒸气迁移机理和 Dewing 与 Krohn 的碳晶格扩散机理。碱金属与石墨可以反应形成碱金属-石墨插层化合物[16]，同时石墨晶格缺陷空间的钠吸收也是阴极炭块摄入金属钠的主要机理之一。钠的渗透和钠膨胀导致石墨层的突起蠕动，造成阴极材料结构改变、比电阻降低[17]。而且，钠可以增大碳质材料对熔融电解质的润湿性，加剧熔融电解质和铝液的渗透作用，加快阴极材料的腐蚀和破损。王维等人[18]研究表明：内部孔隙联通越多，无机盐在阴极内部的堆积浓度越高；石墨化程度高的阴极中渗透进入的钠和无机电解质较低，但钠在不同材质阴极的"微孔"中的渗透量趋于一致。

1.2.1.2 碳化铝的作用

电解过程中，虽然金属铝具有较大的表面张力而不润湿炭，但会沿着阴极材料的开孔、缝隙、裂纹等渗透沁入阴极内部，与炭发生反应生成碳化铝（Al_4C_3）；浸入的熔融冰晶石与单质钠及炭也会反应生成碳化铝[19]。碳化铝生成反应方程式为：

$$4Al(l) + 3C(s) \Longrightarrow Al_4C_3(s) \qquad (1-6)$$

$$4Na_3AlF_6(l) + 12Na(s) + 3C(s) \Longrightarrow Al_4C_3(s) + 24NaF(s) \qquad (1-7)$$

经热力学计算，在铝电解工况下（$950 \sim 970℃$），式（1-6）和式（1-7）的吉布斯自由能 ΔG 值均小于零。碳化铝易生成于铝电解过程中。

一般在新排出的废阴极炭块表面、裂缝中可以发现黄色粉末，即为碳化铝。碳化铝导电性差，可导致阴极炭块中电流分布不均、局部电流和磁场力过大。磁场作用下，铝液在阴极缝隙和裂纹中流动，加速了碳化铝生成—溶解—再生成的循环速度，进一步扩大了裂纹和缝隙，最终可能扩散到阴极钢棒处，使得铝液中铁含量升高，影响原铝品位。

1.2.1.3 底部隆起

造成铝电解槽阴极底部隆起的因素一般有：（1）钠浓度梯度和温度梯度；（2）炭块下部或内部形成柱状晶；（3）固相多孔物质的产生；（4）热循环产生的裂纹和孔隙被熔盐或金属不可逆地填充。底部隆起造成了阴极炭块的形状改变、相对位置偏移、局部炭被碳化物和结晶氟化物的混合物取代、热量和电流密度分布不均等后果[20]。

1.2.1.4 机械磨损

电解槽焙烧启动初期的瞬时电流、高温电解质热冲击以及电解槽运行过程中底部隆起和钠侵蚀产生的大应力均可造成阴极炭块的表皮脱落和变形。铝液波动也会导致阴极表层炭颗粒脱落和冲蚀坑的产生，影响阴极表层电流分布和温度分布。

1.2.1.5 其他因素

槽温的瞬时改变会造成阴极炭块的膨胀或收缩，导致渗透和阴极的细微破坏，这些破坏与底部隆起相互作用导致阴极炭块裂缝的产生、扩大。阴极材料质量、电解槽筑炉质量、日常工艺管理质量等均可能对阴极炭块的使用寿命造成影响。

1.2.2 废阴极的组成

废阴极是铝电解工业的重要废弃物。废阴极中含有大量的碳质材料、氟化物、氧化铝、氢氧化铝以及其他有价组分。文献表明：废阴极中的碳含量一般在30%~70%，主要包括氟化钠、氟化铝和冰晶石等[21]，具有很高的热值；氟化物含量为20%~60%，潜在回收价值极高；有价组分主要有 β-氧化铝（$NaAl_{11}O_{17}$）、碳化铝（Al_4C_3）、氮化铝（AlN）、霞石/莫来石、多种铝硅酸盐、铁铝合金、微量氰化物（0.2%~1%）及其他复杂未名无机盐物质。废阴极中无机盐成分复杂多样[22,23]。

国内外大量研究表明，由于遭受高温电解质和铝液长时间侵蚀沁润，槽寿命4年的电解槽内衬中的碳素材料部分平均增重约30%，耐火保温材料部分平均增重约15%[23]。据文献报道[7]，按照平均槽寿命4年计算，每生产1t原铝约外排30~50kg废槽衬（不计阴极钢棒）。按平均槽寿命6年计算，生产1t原铝排放废槽衬20~30kg，其中每吨铝含有的废阴极炭块约8~15kg。随着金属铝产能的不断增大，破损阴极产生的废弃物的量持续增长，铝电解废阴极炭块已成为现代铝电解工业面临的主要环境问题之一。图 1-2 所示为近几年中国原铝产量，表 1-1 中估算了中国铝电解槽大修渣排放量变化。

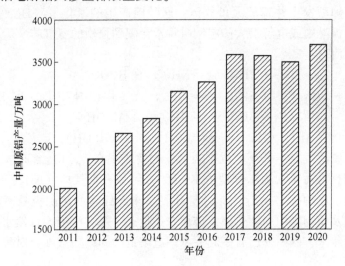

图 1-2 近几年中国原铝产量

表 1-1 中国铝电解槽大修渣排放量增长情况 （万吨）

年份	2014	2015	2016	2017	2018	2019	2020
废槽衬量	84.96	94.56	97.92	107.73	107.4	105.12	111.24
废阴极量	28.32	31.52	32.64	35.91	3580	35.04	37.08

注：每吨铝废槽衬排放量按 30kg 计算，废阴极排放量按 10kg 计算。

1.2.3 废阴极的危害

铝电解废阴极中含有大量有毒物质氟化物和氰化物，按国家标准《固体废液——浸出毒性浸出方法》（HJ/T 299—2007）制备的废阴极浸出液中可容氟化物 F^- 含量可达 2000 ~ 6000g/L、氰化物 CN^- 含量可达 10 ~ 40mg/L，远高于国家《危险废物鉴别标准——浸出毒性鉴别》（GB 5085.3—2007）规定的排放标准[24]。因此废阴极是铝电解业产生环境污染的主要因素之一，被多个国家列为工业危险废物：美国环保署（U.S. EPA）于 1988 年将之定为危险废物，登记号 K088；2007 年国家发改委将"电解铝固体废弃物无害化处理与综合利用技术开发"列为国家重大产业技术开发项目，要求尽快在无害化处理和资源化回收利用技术上实现突破；2016 年国家环保局发布的《国家危险废物名录》中将其列入危险固废，废物代码 321-023-48。废阴极被禁止露天堆存，铝电解企业需要对其进行安全填埋或无害化处理。

露天堆存的铝电解废阴极是潜在的集中危险源，受雨水冲刷或吸收空气中的水分而形成危险物[20]。废阴极所含可溶氟化物和氰化物可随雨水混入江河、渗入地下，除污染土壤和水体外，还会与水发生反应[25]。废阴极遇水反应剧烈，常温常压下即可发生并释放大量气体，遇酸雨产生的氰化氢（HCN）气体有剧毒，在废阴极淋雨或电解槽大修湿刨时常常会嗅到强烈的氨气味。废阴极炭块与水的主要反应有：

$$CN^- + 2H_2O = NH_3(g) + HCOO^- \tag{1-8}$$

$$[Fe(CN)_6]^- + 6H_2O = 6HCN(g) + Fe(OH)_2(s) + 4OH^- \tag{1-9}$$

$$AlN + 3H_2O = NH_3(g) + Al(OH)_3 \tag{1-10}$$

$$Al_4C_3 + 12H_2O = 3CH_4(g) + 4Al(OH)_3 \tag{1-11}$$

铝电解废阴极对生态环境危害很大，主要表现在：（1）含有大量可溶氟化物和氰化物，易污染地表水和地下水；（2）释放有毒气体（NH_3、HCN 等）产生大气污染，影响生态平衡。研究表明[25]：未经处理的废阴极随意堆弃将会使得动物骨骼及植物组织腐坏变黑、破坏农业生态平衡、污染大自然水体、危害人类健康。近年来，国内外已有多起关于铝电解危险固废随意堆弃对环境造成巨大破坏的报道[26,27]。

F. Andrade-Vieira 等人[28]以紫鸭跖石草为受体研究了环境污染物废阴极的基因毒性，实验表明：废阴极浸出液对植物基因终点具有影响，即使浓度较低（2%或3%）也会诱导细胞微核和基因点变突。Marcel José Palmieri 等人[29]研究了废阴极中有毒物质（氟化物、氰化物、铝化合物等）对动植物细胞的诱变潜能，发现废阴极会导致植物细胞有丝分裂指数大幅降低、动物染色体变异，研究人员倡议业界加强对废阴极的储存和处理监督以降低其对环境的危害。Aline Silva Freitas 等人[30]研究了废阴极及其组分对莴苣根的生长、细胞核分裂等方面的影响，得出了相似于前人的结论。

综上所述，铝电解废阴极是一种富含有价物质的工业废弃物，同时也是对动植物生长及生态环境平衡存在巨大威胁的固体废弃物。无论是法律层面还是基于社会经济效益，未经处理的废阴极炭块不可随意弃置于露天环境，需要对其进行有效的处理以降低或杜绝对环境的威胁。而且，矿产资源的日趋匮乏也要求我们必须正视这种具有重要回收价值的工业废弃物[29]。

1.3 铝电解废阴极处理现状

铝电解槽大修外排的废阴极炭块，若不进行处理，将造成价值不菲的碳质材料和电解质的浪费，又可能导致严重的环境污染问题[31]。随着我国铝电解工业的快速发展，废阴极污染问题日益凸显，已成为制约铝电解企业资源节约、降污减排的瓶颈问题。如何处理废阴极炭块已成为影响我国铝电解工业可持续发展的重大问题之一。

国内外关于铝电解废阴极处理的研究报道有很多,为便于借鉴前人的研究经验,曾有学者[20]将现有工艺分为火法处理方法和湿法处理方法两大类,但此种分类方法存在一定的弊端和局限性,部分工艺流程包含火法处理部分和湿法处理两部分。根据大量文献查阅,现将国内外铝电解废阴极(可扩大到废槽衬)处理工艺分为三大类:第一类是以铝电解废弃物无害化为主要目的,处理其中含有的有害物质,降低废弃物对环境威胁至可承受范围,称之为无害化处理方法;第二类是以回收铝电解废弃物中有价组分为主要目的,同时处置其中的有毒物质使之符合环保要求,称之为回收处理方法;第三类是基于铝电解废弃物中有价组分的理化性质,直接用于某些特定行业,称为第三方应用。无害化处理后的铝电解废弃物可作填埋处理或用作路基材料,回收处理主要针对废阴极中氟化物和/或炭的回收,部分或全部有价组分得到循环再利用。第三方应用工艺中,铝电解废弃物作为原料或添加剂应用于某些工业生产过程,实现了废阴极中部分有价组分的循环再利用。

业界对铝电解废阴极的处理始于 1946 年,各国尤其是美国做了大量的研发工作,开发了多种废阴极炭块处理工艺,部分工艺已实现产业化[32]。国内相关研究起步较晚,大约始于 20 世纪 90 年代,目前主要处于实验室研究阶段,实现半工业化、工业化的处理工艺较少。回收或安全储存是铝电解废阴极处理的两个重要方向[33]。既有文献中,某些工艺虽然研究对象是废阴极炭块,但研究对象名称为废槽衬(spent pot lining, SPL),因此该书文献综述部分内容会出现废槽衬字眼。多种无害化处理类工艺处理对象为废槽衬,书中选择了忠于研究对象。

1.3.1 无害化处理

澳大利亚科尔马克铝业公司(Comalco)[34]公开了一种废槽衬无害化技术:将废槽衬浸于碱液和石灰混合液中,使得可溶氟固化,从而实现废槽衬无毒化。

中铝郑州轻金属研究院李旺兴、陈喜平等人[35]提出了具有自主知识产权的 Chalco-SPL 工艺:采用石灰石为反应剂、粉煤灰为添加剂,与铝电解废槽衬充分混合均匀,混合料破碎至一定粒径后在回转窑中以 900~1100℃的温度焙烧处理,高温可氧化分解氰化物产生无毒性气体二氧化碳,氟化物与石灰反应生成萤石 CaF_2 或氟硅酸钙 $CaSiF_6$ 固化可溶氟;处理后固体渣可用作路基材料、水泥或耐火材料生产原料;高温产生的氟化氢气体(HF)通过氧化铝粉干法净化吸收生成载氟氧化铝,可返回电解槽循环使用,工艺流程图如图 1-3 所示。

填埋是现有废阴极炭块最主要的处理方法,将废阴极在土地中或指定地点堆积起来置于储存设备中,这些设备的寿命一般在 7~10 年。基于经济、技术和环境保护等方面的考虑,M. Jalili Ghazizade 等人[36]描述了伊朗 Almahdi 铝厂产生的铝电解废弃物经无害化处理后选择的最合理有效的填埋处理。

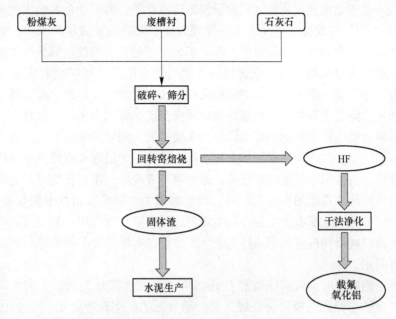

图 1-3 Chalco-SPL 工艺流程示意图

Agrawal 等人[37]介绍了印度铝电解废阴极处理现状，主要为填埋或储存处理：印度铝业公司选择环保型方式进行保存或填埋，部分企业通过石灰和漂白粉无害化处理后再储存。

Matjaž Cenčič 等人[38]通过热水解法无害化处理铝电解废阴极中的氰化物，滤液中可溶氟化物通过石灰固定为难溶氟化钙，处理后滤液可循环用于水解反应；水解处理后的废阴极和氟化物沉淀满足环保要求。该工艺所有设备都是常用的，不需要额外投资。

Andrew J. Saterlay 等人[39]选择超声波场辅助水浸提取铝电解废阴极炭块中所含氰化物和其他离子，结果表明：废阴极所含 F⁻、Na⁺、CN⁻ 等离子均可以在超声波场辅助作用 20min 内完成溶解；超声波场中原料粒径小于 5mm 浸出 1h 所得结果与国家河流管理局（NRA）测试 24h 结果一致；超声波场作用下水溶液中可产生强氧化性物质 H_2O_2，有利于有毒物质氰化物的破坏与脱除。

美国雷诺公司[40]于 1995 年公开了一种铝电解废槽衬无害化处理工艺：将废槽衬、石灰石、抗凝剂混合后于回转窑中加热，高温氧化分解氰化物的同时降低废槽衬中可溶氟化物含量，处理后的废槽衬符合环保要求，可作为水泥业、钢铁业原料或添加剂循环应用。

专利 US5711018[41]详细描述了美铝公司采用奥斯迈特炉回收铝电解废槽衬中有价组分的方法：粉碎后的废槽衬在奥斯迈特炉中加热处理，氰化物被高温氧化分解，逸出的氟化氢气体被干法净化器吸收生成氟化铝粉体，碳质材料在高温下氧化燃烧，处理后的耐火材料符合环保要求。该技术已实现产业化。

专利 US6498282[42]公开了美国能源局研发的一种铝电解废阴极处理方法，工艺流程为：石墨电极电弧炉中，电极浸没在熔融铝电解废阴极中形成还原性状态，在这种氛围中铁氧化物被还原成铁，氰化物和氟化物从渣中脱离，含一氧化碳和气态氟化物的尾气通过燃烧室和洗涤器处理后生成氟化钠，氰化物被氧化分解，处理后尾气可排放。

在专利 US6774277 中 Gary Fisher 等人[43]介绍了美国废弃物管理公司一种处理铝电解废阴极的方法：将废阴极浸泡于具有强氧化性溶液中除去其中含有的可溶有毒物质氰化物及络合氰化物，以使得处理后的废阴极可安全填埋。强氧化性溶液为金属氯化物溶液。

赵俊学等人[44]浸出铝电解废阴极以研究废阴极中氟化物的溶出效果，结果表明：水浸过程可溶离子 F⁻ 的浸出率达 97.8%；处理后的废阴极炭块剩余可溶氟离子 F⁻ 浓度为 45mg/L，低于国家危废界定标准，可作为非危固废予以排放。

专利 CN101444660A[45]公开了一种铝电解大修渣中氟化物和氰化物无害化处理与回收的方法，大修渣与可溶性钙/镁盐、水中可分解形成次氯酸的钙/镁/钠盐混合于水中，球磨制浆，固液过滤分离，固体用于建筑材料或第三方生产过程添加剂，滤液返回重复利用。

专利 CN105457972A[46]公开了一种铝电解槽无害化处理工艺，步骤包括：废槽衬粉料与钙化反应剂混合，加热，产生的尾气通过袋式除尘净化处理，残渣与净化除尘所得烟尘均置于钙化反应池中自然冷却，石灰乳进行淋洗和浸泡，得到无害化固态渣。

专利 CN106565120A[47]公开了一种铝电解废槽衬无害化处理方法，其步骤包括：分拣碳质材料和耐火材料，单独破碎粉磨，加入固态除氟剂和除氰剂混合于水中，过滤分离，滤液循环利用，滤渣用于高炉炭砖制备材料。

专利 CN105214275A[48]公开了处理废槽衬中氰化物和氟化物的方法：废槽衬粉料与水混合，矿浆浓度10%~25%，搅拌，加入次氯酸盐并调整 pH 值至 11~12，继续加入氢氧化钙调整 pH 值至 6.5~7.5，加入絮凝剂后过滤分离，实现废槽衬的无害化处理。

专利 CN104984984A[49]公开了一种无害化处理铝电解大修渣的工艺及系统，主要步骤包括：（1）大修渣粉料与硫酸混合；（2）负压下逸出的氟化氢通过碱液吸收；（3）浮选分离脱除氟化氢后的矿料；（4）加除氟剂脱氟实现无害化。

桑义敏等人[50]将废阴极破碎粉磨后通过次氯酸溶液氧化除氰，再通过石灰水固化可溶氟化物，过滤分离，滤液作为氧化铝和纯碱工业的原料，无害化处理后的滤渣作为水泥、耐火材料、建筑材料等的原材料。

　　王旭东等人[51]公开了一种铝电解大修渣无害化处理的系统设备与方法：高温锻烧废阴极分解氰化物并将氰化物以气态形式挥发进入尾气，处理后废阴极石墨化度在99%以上。

　　专利CN105112938A[52]公开了一种铝电解废阴极脱氟的方法，工艺过程为：将废阴极破碎后与沥青球团，在750~1100℃下通入含水空气，得到含挥发氟化物的烟气，烟气在700~1050℃鼓入空气燃烧脱除一氧化碳、氰化氢等气体，再冷却后净化吸收产生可返回铝电解生产的载氟氧化铝。

1.3.2　回收处理

　　专利US8569565[53]介绍了美国Kaiser铝业公司研发的一种铝电解废弃物处理方法：将废槽衬、地沟料、大面清扫料、净化器结疤料等混合加入焚烧炉，通入水进行高温水解反应，反应工艺温度1100~1350℃，产生气态物质（氟化钠、氟化氢等）与固态残渣（含氧化铝、氧化钠等），气态物质冷却回收，残渣返回拜耳法氧化铝生产流程。

　　李伟[54]介绍了一种碱酸法处理铝电解废阴极的方法，通过碱酸联合处理，可得到最高纯度97%的炭粉；碱浸、酸浸废液混合处理，调整pH值使之沉淀析出冰晶石等副产品。

　　专利US6596252 B2[55]公开了一种废阴极处理方法，通过水浸、碱浸两步分离提纯废阴极。

　　专利US7594952[56]中将废阴极破碎后在炉内升温至450℃以上，通入水产生反应气体和渣；反应气体燃烧脱除，残渣在通风良好条件下水浸无害化处理。

　　专利US6193944[57]公开了Goldendale铝业公司一种采用废槽衬制备气相白炭黑的方法，工艺流程为：废槽衬经酸浸产生含四氟化硅、氟化氢、氰化氢等气体和酸性溶液以及含炭、二氧化硅、氧化铝、氟化钙等物质的固体渣；加热气体使得四氟化硅分解产生气相白炭黑和氟化氢。

　　专利US4889695[58]介绍了美铝公司研发的一种铝电解废阴极回收方法，工艺流程为：破碎废阴极至小于0.147mm（100目），碱液浸出，分离得到含炭滤渣和富含氟化物的碱液，滤渣再磨细后进入酸解槽通过硫酸和硫酸铝液酸洗以回收碳质材料并得到含氟酸液；碱液与酸液混合并调整pH值得到氟化铝沉淀，过滤分离，滤液蒸发结晶析出盐。

　　专利US5245115[59]介绍了法国Pechiney公司将铝电解废槽衬与硫酸钙混合破碎至粒径小于1mm，在反应器中通入煤气和空气加热反应，工艺温度1100~1800℃，高温下氰化物被氧化分解，碳质材料燃烧，最终回收氟化钠、氟化钙、氟化铝、二氧化硅、氧化铝等混合渣。

　　加拿大铝业公司[60]开发了一种从铝电解槽废阴极中回收含氟和铝等有价组

分的方法，将废阴极破碎至粒径小于 0.589mm（28 目），用氢氧化钠溶液浸出处理，工艺温度 60~90℃，氢氧化钠浓度 10~60g/L，得到含有氟化物和铝酸钠的溶液和残余渣；过滤分离，滤液加热至 160~220℃ 保温 20~30min 分解氰化物，蒸发结晶析出氟化物晶体并过滤分离；滤液再与氢氧化钙反应沉淀氟化钙，氢氧化钠可用于进一步的阴极炭材料的处理。

李楠等人[61] 通过浮选法对低品位铝电解废阴极进行分离提纯，以炭纯度 36.1% 废阴极为实验对象，考查了物料粒径、矿浆浓度、搅拌速率等因素对浮选效果的影响，结果表明：粒径小于 0.147mm（200 目）占 90% 的物料、矿浆浓度 25%、搅拌速率 1700r/min 为最优浮选工艺参数，所得精矿中碳含量高于 80%。

力拓加拿大铝业公司（RTA）研发了一种名为低碱浸出+石灰化(low caustic leaching and liming, LCL&L) 铝电解废阴极综合处理工艺[62,63]。该工艺首先将破碎后的废阴极水浸提取可溶氟化物和氰化物，第二步通过低浓度碱液浸出剩余的氟化物和氰化物，第三步活化水浸残存的锂，第四步球磨浸出破坏锂对氟化物溶解性的保护作用。主要产品炭粉可用于替代燃料、返回制备铝电解阴极/阳极或用于钢铁冶炼的增碳剂/还原剂；碱液中的氟化钠通过与石灰反应转化成副产品的氟化钙，可用于生产电解用的氟化铝，实现了氟的闭路循环。RTA 已在加拿大魁北克省建成并投产一条年处理 8 万吨铝电解废阴极的生产线，工艺流程图如图 1-4 所示。

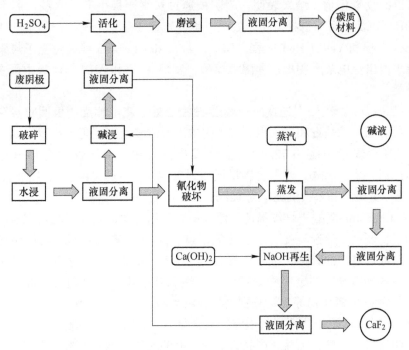

图 1-4　LCL&L 工艺流程图

April L. Pulvirenti 等人[64]以 NaOCl 溶液在近中性条件下破坏处理铝电解废阴极中的氰化物，氟化物被 0.5mol/L H_2SO_4 强酸浸出提取。实验发现：通过 2.5% 的次氯酸钠溶液（pH=6.5）经过 5h 可以将 97% 以上的氰化物破坏掉；室温下 0.5mol/L H_2SO_4 溶液经过 21h 可以除去 98% 的可溶氟化物，80℃下 2.5h 可以除去 96% 以上；溶解于硫酸溶液的氟化物 80% 以上可以通过氧化铝床提取，产物可用于铝电解生产，处理后的酸可以重复使用。

Diego Fernández Lisbona 等人[65]通过两步浸出（水浸和 Al^{3+} 溶液浸出）处理铝电解废阴极。实验过程中，水浸提取氟化钠，其他氟化物冰晶石和氟化钙等通过 0.3mol/L Al^{3+} 的溶液在 25℃下浸出 24h 提取，混合液通过加入氢氧化钠控制 pH 值产生沉淀 $AlF_x(OH)_{3-x} \cdot nH_2O(x \approx 2, n \approx 1.4)$，$AlF_x(OH)_{3-x} \cdot nH_2O$ 可生成铝电解用的氟化铝粉。两步浸出处理后氟化物提取率在 76%~86%。

Diego Fernández Lisbona 等人[66]通过硝酸铝和硝酸浸出处理铝电解废阴极：初步水洗后，60℃下用 0.36mol/L 的 $Al(NO_3)_3 \cdot 9H_2O$ 和 0.5mol/L 的硝酸溶液浸出废阴极，可提取含氟总量 96.3% 的氟，氟化镁中全部镁和氟化钙中 90% 的钙被除去；0.5mol/L 的硝酸溶液 60℃下可以将铁基本完全除去；0.2mol/L 的硝酸溶液 60℃下可以选择性提取 CN^-，在洗涤液中以过渡盐的形式沉淀；调整 pH 值选择性沉淀回收氟和金属元素。

Diego Fernández Lisbona 等人[67]采用铝电解用炭素阳极生产废水浸出铝电解废阴极以回收氟化物，结果表明：废阴极通过炭素阳极生产废水浸出后会形成 $AlF_2(OH)$ 沉淀，沉淀选择流化床处理产生可直接用于铝电解生产的氟化铝。基于 Davies 方程和 Van't Hoff 方程，Diego Fernández Lisbona 等人建立了炭素阳极生产废水浸出铝电解废阴极过程溶液模型，发现 AlF^{2+} 和 AlF_2^+ 是溶液中最主要的物质种类。

Shi Zhongning 等人[68]通过两步碱浸-酸浸法处理铝电解废阴极回收炭和冰晶石，结果表明：冰晶石和氧化铝在氢氧化钠溶液碱浸处理废阴极过程中回收率为 65.0%，所得炭粉纯度为 72.7%；盐酸浸出过程中，可溶性化合物氟化钙和 $NaAl_{11}O_{17}$ 回收率 96.2%，炭粉含碳量提高到 96.4%；将碱浸液和酸浸液混合后控制 pH 值可析出冰晶石，沉淀率为 95.6%，纯度为 96.4%。

Fan Chuanlin 等人[69]详细描述了浮选法处理铝电解废阴极过程：在实验室研究基础上，研究了浮选粒度、浮选药剂用量、pH 值、矿浆浓度、溶解组分浓度等因素对浮选过程的影响，讨论了该工艺对环境的影响。结果表明，浮选分离可以作为一种环境友好的废阴极处理方法，炭和其他化合物（包括冰晶石、氟化钠、氟化钙和 β-氧化铝等）可分别进行分离和回收。

Wang Jinling 等人[70]通过气泡浮选联合化学法处理铝电解废阴极炭块，有效回收废阴极炭块中的碳和氟，产品为炭粉、电解质氟化钠和少量副产物；炭粉含碳量 88%，碳回收率 95.90%，氟化钠含氟 38.53%、含钠 49.33%，氟回收率 52.45%，副产品氟回收率为 45.6%，氟化钠副产品总氟回收率为 90.1%。

Ubong Ntuk 等人[71]为了回收铝电解废阴极中的氟化物，研究了铝羟基氟化物水合物在 30~70℃ 的溶解度和沉淀性，实验过程中，首先水浸提取氟化钠，再铝盐溶液浸出产生 $AlF_x^{(3-x)+}$ 溶液，两种溶液混合并加入氢氧化钠调整 pH 值得到 $AlF_x(OH)_{3-x}$ 沉淀，沉淀高温分解产生可返回应用于电解槽的氟化铝粉体。

Parhi S S[72]首先选择硫酸和高氯酸进行废阴极的浸出处理，分别得到纯度为 70.83% 和 71.76% 的炭粉。在此基础上改进工艺，选择碱浸—高氯酸浸出联合处理，得到了碳含量 87.03% 的浸出渣；在此过程中，通过正交实验明确温度为影响浸出效果最显著的实验因素，而液固比为影响最小的因素。Parhi 还进行了碱浸—硫酸浸出处理废阴极，在此过程中碱浓度和温度是最显著的实验因素，得到了纯度为 81.27% 的浸出渣。

刘志东[73]采用碱浸—浮选法对铝电解废阴极进行综合处理，回收得到纯度为 95% 的炭粉、98% 的电解质，废水通过添加漂白粉氧化脱除溶解的氰化物并回收氟化钙粉体。

鲍龙飞等人[74]进行了浮选法处理铝电解废阴极的实验研究，探讨了选出物炭粉和电解质粉的综合回收。

曹晓舟等人[75]选择水洗—化学浸出—煅烧三步联合工艺处理铝电解废阴极炭块并回收炭和氟化物，得到纯度为 89.6% 的炭粉和 $AlF_3 + Na_5Al_3F_{14}$ 混合粉体，炭和氟的回收率分别为 88%、99.7%。

詹磊等人[76]描述了青铜峡铝厂处理铝电解废阴极工业实践，工艺步骤包括：破碎粉磨、水浸、浮选、酸浸、石灰中和、酸雾气体吸收，所得产物包括炭粉、硫酸钙渣、氟化钠及尾渣。

陈俊贤[77]公开了一种铝电解废阴极综合利用的方法，其特征为：将分拣、破碎、粉磨、除灰并干燥后的炭粉作为制备生产高炉炭块、电解槽阴极/侧部炭块、电炉炭块、炭素糊料等原料。

专利 CN102146570A[78]中将铝电解废阴极经浮选法、酸法、碱法、碱酸联合法处理提纯后的炭用作铝电解阳极用原料。

申士富[79]通过水浸、浮选、酸浸等方法回收铝电解废阴极中有价组分炭、氟化钠等。

赵俊学等人[80]公开了一系列关于铝电解废阴极处理的专利，这些专利详细描述了无害化或综合回收处理铝电解废阴极的工艺流程。

专利 CN103726074[81]公开了一种综合回收处理铝电解废阴极的工艺，工艺流程包括：将废阴极进行浮选分离，所得底流固液分离后加热氧化除炭得到铝用电解质，上层泡沫产品经压滤、干燥后得到炭粉。

邹建明[82]公开了一系列铝电解大修渣深度资源化综合处理回收利用的发明专利，探索了废槽衬中有价组分回收的可行性。

1.3.3 其他应用

杨万章等人[83]研究了铝电解废阴极制备阳极的实验，配入的废阴极占阳极质量 3%~4%，制备得到的预焙阳极性能基本满足铝电解生产要求。

Gao Lei 等人[84]选择铝电解废阴极作为冶金炉燃料焦炭（煤）的替代品，通过热力学模型计算，证明废阴极具有替代焦炭的可行性，燃烧过程中可以释放足够的热量，且氰化物被高温分解破坏，氟化物进入冶金炉渣，降低了铝电解废阴极的有害性。

Mazumder 等人[85]描述了一种铝电解废阴极酸浸副产品炭粉用于高炉炼铁的工艺，证明了工业废弃物再利用可以有效降低生产成本从而改善整个流程的经济效益。

Gomes Valério 等人[86]基于铝电解废阴极高燃烧值的碳质材料及高含量耐火材料，将废阴极作为次级原料和燃料应用于水泥生产；在水泥生产过程中协同处理废阴极，不仅可提高经济效益，还可以安全地消除一级废弃物（巴西技术标准委员会颁布标准，编号 ABNT-NBR 10004），获得了良好的经济效益和环保效益。将废阴极作为矿化剂用于水泥生产中，可使熔渣熔点温度从 1450℃ 降低到 1370℃。这一技术的应用，带来了许多经济成果，如降低了燃料费用、节省了原材料、工艺稳定性提高等；还带来一系列非经济效益，如合作化生产工艺、严格的环境保护、氮氧化物排放量降低等。Maria Luiza Grillo Renó 等人[87]基于此生产过程，采用能源评估系统对水泥生产过程进行了综合分析，发现铝电解废阴极炭块在水泥生产中取代一部分燃料，这并不会改变最终产物的物理化学性能。

Bruna Meirelles 等人[88]将铝电解废阴极作为氟石替代物用于炼钢生产过程，通过工艺参数调整，可以实现生产成本降低。

利用炭和氟化物的理化性质，Yu D 等人[89]将铝电解废阴极用于铜转炉渣回收铜生产过程并进行了仿真数值模拟，结果表明：废阴极添加量为转炉渣质量的 3%~4%时，铜的回收率为 90%；氟化物和含钠化合物降低了炉渣黏度，从而使冰铜液滴沉降速率加快；有毒物质氰化物高温下分解产生氮气，氟化物稀释于铁硅酸盐渣中以确保安全环保的处理氛围。

谢刚[90]详细描述了铝电解废阴极炭块用于水泥制造业补充燃料的利弊。

Do-Prado U S 等人[91]选择铝电解废弃物作为原料制备蛋白石玻璃。废槽衬与石灰混合加热以脱除炭、减少氟化物挥发分，然后与其他玻璃体混合熔化、淬火以制备包括萤石晶体的玻璃。

Paulo Von Krüger[92]计划将铝电解废阴极作为添加剂应用于铁硅锰合金制备，模拟结果表明废阴极炭块具有制备铁硅锰合金的可行性，但这需要实验室和工业化生产的验证。

Alfonso Aranda Usón 等人[93]选择铝电解废阴极作为水泥生产过程中的原料和替代燃料，在降低能源和物质资源消耗的同时有效处理了铝电解工业固体废弃物，降低了经济成本，提高了环保效益。

中铝山东铝厂[94]研发了一种废阴极-铝土矿烧结工艺，该工艺将废阴极作为铝土矿烧结生产的补充燃料，与无烟煤混合后破碎，加入铝土矿烧结工序。废阴极作为辅助燃料，每吨铝土矿添加量为 10kg 废阴极，达到节约能源目的的同时实现有毒物质氰化物的高温分解。该工艺的缺点是氟化物不能有效回收再利用，最终进入赤泥。

梁克韬等人[95]介绍了铝电解废阴极炭块的性质与处理现状，并根据酒钢集团东兴公司产业特点及企业所排废阴极理化性质提出了废阴极处理的可行性方向：作为原料或添加剂应用于炼钢生产、炼铁生产、水泥生产或选择浮选法进行综合回收处理。

路坊海[96]以铝电解废阴极炭粉为燃料和固体还原剂，探索了高温焙烧还原赤泥中铁的工艺，焙烧后的铁精矿粉通过磁选法提取，该工艺实现了工业废弃物"双废"变"一宝"，经济效益和环保效益显著。

杨会宾等人[97]探索分析了铝电解废阴极炭块添加干法水泥生产过程的工业实验，结果表明：废阴极在水泥窑中燃烧，不仅消耗废阴极，还减少了燃料消耗量，经济效益好。

专利 CN101357367A[98]公开了一种利用煤矸石处理废槽衬的方法，步骤有：将废槽衬、煤矸石、生石灰混合后破碎粉磨，温度为 900~1200℃下焙烧，焙烧渣用石灰水浸出可溶氟化物。该方法实现了以废治废的目标。

任必军等人[99]将处理后的铝电解废阴极用于制备铝用炭素阴极、铝硅合金、炭电极等材料。

符岩等人[100]将铝电解废阴极经提纯处理后与脱铁后的赤泥混合，在微波场中合成碳化硅粉体。

翟秀静等人[101]将微波加热铝电解废阴极和粉煤灰混合料制备碳化硅。

1.3.4　相关研究

袁威等人[102]研究了铝电解废阴极的工艺矿物学特征，明确了废阴极的主要组成，并通过光学显微镜探明了主要组分的嵌布粒度、嵌布特征及主要元素碳和铝的赋存状态。

Michael Somerville 等人[103]采用降温-淬火技术，通过光学显微镜和扫描电镜表征淬火过程物相，得到了高温下 $CaO\text{-}Al_2O_3\text{-}SiO_2FeO_x\text{-}MgO\text{-}Na_2O\text{-}NaF$ 体系复杂渣的相平衡数据，通过实验和热力学模型预测氟化钠、氧化钠添加量对复杂体系的影响，以此指导 Portland 铝业公司处理铝电解废阴极生产实践。

B. I. Silveria 等人[104]研究了铝电解废阴极中组分氰化物和氟化物的可浸出性，以巴西 Albras 公司排放的废槽衬为研究对象，将之分为碳质材料部分和无机物材料部分，研究发现：氟化物在碱性溶液中更易溶解且在 pH=12 时可基本完全溶解，氰化物浸出浓度为 $4.34\times10^{-6} \sim 27.33\times10^{-6}$，平均为 13.26×10^{-6}；氟化物和氰化物浸出率与电解槽槽龄未发现存在直接关系。

Scott B. Sleap 等人[105]以遭到废阴极污染的地下水为研究对象、以方解石和二氧化碳气体为实验试剂，进行除氟实验，探究除氟效果及除氟动力学，结果表明：增大二氧化碳分压并提高搅拌速率可以有效提高除氟效果。

Diego F. Lisbona 等人[106,107]建立了 Al^{3+} 溶液浸出铝电解废阴极炭块过程中 Al-F 平衡模型，结合氟化铝、氟化钙、冰晶石和 $NaAlF_4$ 等多种物质溶解度数据，预测分析了溶液体系中氟铝化合物沉淀平衡，研究结果表明：在不同温度、不同模型仿真状态下 Na_3AlF_6 和 $NaAlF_4$ 可以选择性沉淀，模型计算结果符合实验 F/Al 比变化和所得固体 XRD 数据。

王强华[108]基于当前我国铝电解大型槽槽龄较国外槽寿命低的现状，从槽型设计和生产工艺控制等方面分析讨论了铝电解槽破损机理，提出了延长槽龄的有效建议，以期通过延长槽寿命来变相降低铝电解废阴极排放量。

陈喜平等人[109]将铝电解废槽衬火法处理过程简化为 3 步：(1) 碳质材料燃烧；(2) 氰化物氧化分解；(3) 氟化物转化；并进行了热力学分析，为废槽衬无害化处理工艺的参数选择提供了基础数据。

李楠等人[110]进行了捕收力强的煤油和轻柴油、选择性好的汽油等烃类复配制备可用作铝电解废阴极浮选回收过程捕收剂的可行性研究，发现质量分数 25% 煤油+75%汽油混合配置的捕收剂可实现良好的浮选效果。

赵宝华[111]利用 TG-DTG-DTA 分析研究了铝电解废阴极炭的燃烧特性，发现样品着火点介于烟煤和无烟煤之间并较无烟煤易燃，明确了废阴极燃烧反应机理，计算知其活化能值较高。

张博等人[112]通过高温焙烧+差热热重实验研究了有氧/无氧状态下铝电解废阴极的反应特性，结果表明：氟化钠和冰晶石在无氧状态下 800~1100℃ 发生分解反应并挥发，而在有氧环境中 500~800℃ 下炭燃烧、氟化钠和冰晶石的分解反应受到抑制。研究结果为铝电解废阴极的高温分离提供了理论参考。

王维等人[113]基于两步浸出处理铝电解废阴极工艺，采用收缩核模型，探讨了废阴极所含组分 β-氧化铝（$NaAl_{11}O_{17}$）经碱浸处理后在盐酸酸浸过程中的浸出动力学，考查了不同反应条件对浸出结果的影响并建立动力学方程，结果表明：$NaAl_{11}O_{17}$的酸浸过程控制环节为内扩散，反应表观活化能 18.26kJ/mol。

综上所述，铝电解废阴极处理已经得到了业界的广泛关注，表 1-2 中列出了现有处理工艺的优缺点对比。通过分析和对比既有工艺，不难发现，铝电解废阴极炭块处理发展趋势为综合回收处理。虽然存在着流程长、经济效益差的弊端，但综合回收处理工艺可以实现废阴极中有价组分的合理分离与循环利用，这吻合于冶金行业的发展趋势。

表 1-2 铝电解废阴极炭块处理工艺对比

分类	无害化处理	回收工艺	第三工业应用
主要工艺	碱液+石灰、石灰+高温煅烧、高温焚烧、强氧化溶液除氰、水浸	高温除炭、酸浸、碱浸、联合处理、盐液浸出、浮选、高温水解、高温酸解	合金制备、玻璃制备、燃料替代物、水泥业添加剂、炼钢业添加剂、转炉渣铜回收添加剂
优点	流程简单、有害物质处理彻底	有价物质得到回收、经济效益好	应用方便
弊端	有价物质未回收	工艺复杂	有害物质处理不彻底，部分有价组分未应用

1.4 超声波技术及其应用

1.4.1 超声波简介

声波一般分为次声波、可闻声、超声波、特超声等几种类型，超声波为频率在 $2×10^4 ~ 2×10^9 Hz$ 之间的声波。超声波具有方向性好、穿透能力强、易于获得较集中的声能等优点，在水中传播距离远[114]。超声波主要有两种用途：(1)"被动应用"，作为探测或负载信息的媒介或载体，超声波以一种波动性式被应用为检查工具；(2)"主动应用"，通过与传声媒介之间的相互作用以实现影响、改变甚或破坏媒介的性质、状态及结构的目的，此类超声波具有足够大的声强，以一种能量形式被称为功率超声[115]。超声波的应用范围见表 1-3。

表 1-3 超声波应用

超声类型	应用范围
被动应用（检测超声）	水下定位及探测：导航、声呐、海洋资源开发等
	工业探测：测厚、探伤、黏度、流速及流量等
	超声诊断：A 型、B 型、M 型、彩超等
	超声测井：水文地质评价、石油/煤田勘探、工程地质等
	物质结构：分子声学、量子声学

续表 1-3

超 声 类 型	应 用 范 围
主动应用（功率超声）	工业应用：清洗、加工、焊接、除气等
	生物学应用：细胞破坏、种子处理、大分子剪切等
	医学应用：外科、理疗、牙科、体外碎石等
	化学应用：声化学促进乳化反应、均相反应、多相反应等
	化工方面：沉淀、电镀、分离、结晶与雾化等

1.4.2　超声波作用原理

作为一种机械波，超声波在其传播过程中携带有大量能量；声波在与传播介质相互作用时使介质发生物理的和化学的变化，不仅改变了介质的状态与特性，也会产生质点震动效应和空化效应，从而产生一系列力学的、热学的、电磁学的和化学的超声效应，包括：机械效应、空化作用、热效应、化学效应等[116]。

1.4.2.1　空化效应

当超声波作用于溶液时，液体中的微小气泡会发生气泡振动—生长—破裂的衍变过程；超声波作用下气泡急速变化的效应即为空化效应。根据气泡破裂周期长短，空化效应主要分为稳态空化和瞬态空化两种形式。空化泡崩溃破裂时，高温和高压会在极短时间和极小空间内产生，一般温度达 5000℃ 以上、压力约 $5.05 \times 10^5 kPa$，压力和温度变化率极高；与此同时，高达 400km/h 的微射流和极强的冲击波随之产生。局部高温、高压、高速微射流等不同于常规状态的反应条件，使得在一定程度上难以实现甚至是不能实现的化学变化成为可能，为化学反应开辟了新的通道。空化效应导致的一系列连续动力学过程（振荡、生长、收缩、崩溃）会引起传播媒介的物理及化学性质改变[117]。与此同时，体系中新的反应界面不断产生，传热和传质过程得到持续增强。

1.4.2.2　机械作用

伴随着空化现象，超声波作用下也会产生机械效应、活化效应、热效应等。超声波在传播过程中不是单纯地机械能量传递，还包括线性交变振动的产生、体系参数（温度、原点位移、振动加速度等）的变化即超声波不同效应的外在体现。超声波被用于液体处理时，会使质点产生很大的加速度，同时微射流、湍动效应等也会造成质点的移动，从而在作用体系中产生激烈变化的机械运动。在微射流、冲击流等机械效应以及空化效应作用下，固液体系中颗粒表面被侵蚀和剥离形成更小颗粒，从而使得溶液能够持续地接触新的固体表面。

1.4.2.3 化学效应

空化效应产生的局部高温、高压以及机械效应使得反应体系中持续产生新的固液反应界面，促使部分常规条件下难反应或不反应的化学过程成为可能[118]。同时，超声波活化效应也可以创造出活性表面、降低反应能垒、与其他效应协同作用下增强传热传质，促进反应进行。

1.4.2.4 热效应

超声波在传播过程中振幅较大，可以形成锥齿形的周期性波，并且波面的压强梯度很大。在这个过程中，传播媒介不断吸收振动能量，并转化为热量，从而可使其温度升高。

1.4.3 超声波在湿法冶金中的应用

相较于火法冶金过程，湿法冶金具有适用于复杂原料和低品位矿处理，具有环保压力低、劳动环境好等优势。但湿法冶金过程也存在着反应速率低、生产周期长等弊端，如何强化反应过程、缩短反应时间、提高处理效率是摆在冶金工作者面前的一大难题。超声化学是一门在超声学和化学两者相互交叉渗透的基础上逐渐发展起来的新兴学科。独特的物理效应、力学效应、化学效应等使得超声化学在湿法冶金中得到了广泛关注和重视，从业人员针对其应用和机理进行了研究并取得了一系列成果。

Ayse Vildan Bese[119]研究了超声波在酸浸处理铜转炉渣回收铜过程中的作用，在超声波辅助下铜浸出率提高了 8.87%。

Chang Jun 等人[120]对比了酸性硫脲常规浸出烧结粉尘回收银的工艺和超声波辅助浸出工艺，常规工艺浸出率 89.9%，超声波辅助工艺浸出率接近 95%。

Zhang Libo 等人[121]研究了从锌冶炼副产物中提取锗的超声波辅助和常规工艺，发现超声波辅助处理过程中，锗的浸出率提高了 3%~5%，时间从 100min 缩短到 40min。

Joo Yeon Oh 等人[122]通过超声波辅助浸出处理工业废水污泥中的 PAHs，得到超声波辅助有利于降解污泥中的 PAHs。

Balakrishnan 等人[123]研究了超声波辅助洗煤提取碱元素，发现相比于机械搅拌，超声波辅助去除碱元素效率显著。

B. Ambedkar 等人[124]通过超声波脱硫研究了洗煤过程，超声波场中产生的 H_2O_2、臭氧等强氧化性物质可将煤中硫氧化为水溶性硫酸盐以利于浸出脱离。

M. S. Bisercic 等人[125]通过超声波辅助水洗粉煤灰脱除有害组分，结果表明，相比于机械搅拌、超声波辅助水洗时间大幅缩短，从 24h 降低到 60min。

Zhang 等人[126]通过超声波辅助 HCl-NaCl 浸出富 Pb、富 Sb 氧化渣，发现超声波辅助浸出提高了 Sb 和 Pb 的浸出率，相同浸出率下超声波辅助浸出时间大幅缩短。

Andrew J. Saterlay 等人[39]采用超声波辅助脱除废阴极炭块中的氟化物和氰化物，发现超声波条件下反应速度更快，脱除氟化物效率更高，且氰化物被超声波场中产生的双氧水氧化脱除。

薛娟琴等人[127]研究了超声波辅助氧化浸出硫化镍矿工艺及其反应动力学。

2 实验方法与技术路线

2.1 原料与设备

2.1.1 实验原料

书中所用实验原料为国内铝电解企业电解槽大修排放的废阴极炭块。选择国内多家铝冶炼企业不同槽型和槽龄的废阴极，根据企业实际生产状况或亲自进入电解车间槽大修现场取样或从废阴极堆场取样，将废阴极炭块表层覆盖的金属铝、电解质结块、防渗料结块等易分离的非阴极炭块物质人工剥离后作为研究对象，进行铝电解废阴极炭块综合回收实验。研究过程所用主要实验试剂具体信息见表 2-1。

表 2-1 实验用化学试剂信息

编号	名称	分子式	规格纯度	生产厂家
1	氢氧化钠	$NaOH$	分析纯	西陇化工
2	氢氧化钾	KOH	分析纯	西陇化工
3	碳酸钠	Na_2CO_3	分析纯	西陇化工
4	氟化钠	NaF	分析纯	西陇化工
5	氢氧化钙	$Ca(OH)_2$	分析纯	国药
6	氧化钙	CaO	分析纯	国药
7	盐酸	HCl	分析纯	成都科隆
8	氢氟酸	HF	分析纯	国药
9	氧化铝	Al_2O_3	分析纯	西陇化工
10	冰晶石	Na_3AlF_6	分析纯	武汉大华
11	二氧化硅	SiO_2	分析纯	西陇化工
12	无水酒精	C_2H_5OH	工业纯	天津恒兴
13	氮气	N_2	工业纯	长沙高科
14	二氧化碳	CO_2	工业纯	长沙高科
15	去离子水	H_2O	分析纯	自制

2.1.2　实验设备

研究过程所用主要实验设备及分析检测设备具体信息见表 2-2 和表 2-3。

表 2-2　实验用主要设备信息

编号	名　称	型号规格	生产厂家
1	箱式气氛炉	额定温度 1000℃	长沙中兴电炉厂
2	马弗炉	SX2-10-12，1000℃	长沙工大电炉厂
3	箱式沥青焙烧炉	额定温度 1600℃	长沙远东电炉厂
4	管式气氛炉	OTF-1200X	合肥科晶
5	箱式炉	KSL-1700X	合肥科晶
6	电磁搅拌水浴锅	HH-6	金坛天瑞
7	超声波清洗器	KQ-400KDE	昆山舒美
8	超声波清洗器	HX28K-15	温州金元宝
9	液压式万能实验机	WE300C	济南试金
10	破碎机	800Y	西厨
11	球磨机	YXQM-4L	长沙米淇
12	鼓风干燥箱	101-2B	佰辉

表 2-3　实验用主要检测设备信息

编号	名　称	型号规格	生产厂家
1	真密度分析仪	3H-2000TD	北京贝士德
2	X 射线衍射仪	Riguka D/max 2500	日本电子株式会社
3	X 射线荧光分析仪	ZSX Primus II	日本理学公司
4	同步热分析仪	SDTQ600	美国 TA
5	离子计	PXSJ-216	上海仪电科学公司
6	扫描电子显微镜	JSM-6360LV	日本电子株式会社
7	X 射线能谱仪	EDX-QENESIS 60S	美国 EDAX 公司
8	激光粒度分析仪	MS2000	英国马尔文
9	离子色谱仪	883ICP	瑞士万通
10	比表面积分析仪	ASAP2020	美国麦克莫瑞
11	电子天平	ML204/02	梅特勒-托利多公司

2.2 实验方法

2.2.1 碱浸实验

取干燥后的废阴极粉料与碱液按一定液固比混合，在塑料烧杯中进行浸出实验，整个实验在电磁搅拌恒温水浴锅中完成；实验结束后碱浸渣多次水洗至中性，过滤，滤渣置于鼓风烘箱中在 105℃±1℃烘干 4h，检测含碳量。为提高实验效率、降低实验复杂度，含碳量可采用空气气氛中 800℃保温 4h 烧灰烧损率表示。含碳量采用式 (2-1) 表示。

$$\eta_C = \left(1 - \frac{m_a}{m_s}\right) \times 100\% \tag{2-1}$$

式中，η_C 为碳含量,%；m_a 为 800℃保温 4h 后灰分质量，g；m_s 为烧灰前浸出渣质量，g。

该书中浸出渣中碳含量由固定碳含量、水分和挥发分 3 部分组成。

废阴极碱浸过程中去除了多种无机盐杂质，难以计算某一种或某几种化合物的去除率。因此，为了简化分析过程，采用原料中除碳外最大含量的元素 F 的浸出率和浸出渣的碳含量来表示废阴极碱浸效果。元素 F 的浸出率采用式 (2-2) 表示。

$$\eta_F = \left(1 - \frac{c \times V}{m \times \eta_0}\right) \times 100\% \tag{2-2}$$

式中，η_F 为元素 F 的浸出率,%；c 为浸出滤液中 F 的离子浓度，g/mL；V 为浸出滤液体积，mL；m 为参与碱浸的废阴极质量，g；η_0 为废阴极中元素 F 品位,%。

2.2.2 酸浸实验

取一定量干燥后的碱浸渣放入塑料烧杯中，加盐酸溶液浸出，酸浸处理后过滤分离，滤渣经多次水洗至中性后干燥。采用高温烧灰法测量含碳量，碳含量计算方法同式 (2-1)。

2.2.3 碱熔-酸浸实验

取一定量废阴极粉料，与氢氧化钠溶液充分混合后干燥蒸发脱除水分，物料在保护性气氛中置于箱式炉中低温烧结一定时间；碱熔物料冷却后经多次水洗至中性后进行酸浸实验，酸浸实验过程同第 2.2.2 节，测定处理后炭粉纯度。

2.3 技术路线

采用的技术路线如图 2-1 所示。

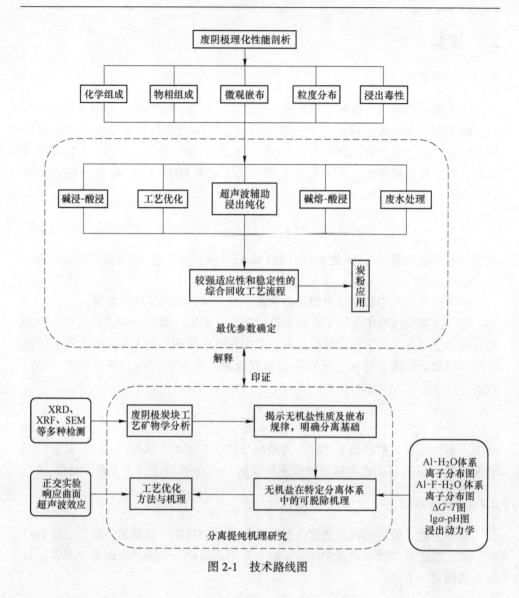

图 2-1　技术路线图

2.4　分析与表征

2.4.1　工业分析和元素分析

依据《石墨化学分析方法》（GB/T 3521—2008）进行原料的工业分析，分析试样中水分、挥发分、灰分、固定碳含量。

元素分析选择 XRF 荧光光谱分析检测。因为 XRF 荧光光谱只能检测 O–U 之间的元素，所以，在进行 XRF 检测前，试样需通过元素分析仪（ Vario El Ⅲ型，产自 Elementar 公司）测定含有的 C、H、N、S 等元素。测定 C、H、N 含量和挥发分及水分含量后的试样，在马弗炉中 800℃ 保温 4h 烧灰，通过烧损率简单计算所得炭粉纯度，通过 XRF 荧光光谱分析灰分中元素种类及含量，综合计算原料中各元素的种类与含量。

2.4.2 物相分析

物料物相分析通过日本电子株式会社制造的 Riguka D/max 2500 型 X 射线衍射仪进行 XRD 分析检测。固体物料破碎成小于 0.074mm（200 目）粉料，105℃ 干燥 12h，XRD 分析试样物相和炭微晶结构过程中选择 X 射线辐射铜靶产生的 $Cu-K_{\alpha 1}$ 射线、工作电压 40mV、电流 100mA、扫描速率 10°/min、扫描范围 10° ~ 80°。实验产物灰分物相通过氧化焚烧脱除可燃物质后经 XRD 分析测定。

2.4.3 微观形貌-能谱分析

物料 SEM-EDS 分析选择日本电子株式会社产 JSM-6360LV 型扫描电子显微镜进行研究过程中固态原料、纯化产物、制备产物等物质的微观形貌观测分析。选择美国 EDAX 公司生产的 EDX-QENESIS 60S 型 X 射线能谱仪进行除氢、氦、锂元素外的元素能谱的定性及半定量分析，分析确定试样表层微区元素种类及含量。研究过程中 SEM 分析与 EDS 分析为同步联动仪器，SEM-EDS 分析可确定试样表层部分化合物的赋存与嵌布状态以及元素的分布规律。

2.4.4 差热-热重分析

热重分析（thermogravimetric analysis，TG 或 TGA）是在程序控制温度下测量待测样品的质量与温度变化关系的一种热分析技术，用来研究材料的热稳定性和组分。热重分析在实际的材料分析中经常与其他分析方法联用，进行综合热分析，全面准确分析材料，如差示扫描量热仪。差示扫描量热仪（differential scanning calorimeter，DSC）测量的是与材料内部热转变相关的温度、热流、温差的关系。TGA-DSC-DTA 分析可以明确测试分析过程中不同温度下试样质量的变化规律及试样内部热转变引起的热量变化，测定多种热力学和动力学参数。

采用美国 TA 公司生产的 SDTQ600 型差热-热重分析仪，分析了原料质量和热焓随温度升高的变化趋势，测试过程分别选择不同测试环境：空气气氛中，升温速率控制为 10℃/min，空气流量 100mL/min，温度区间室温至 1000℃；氮气气氛中，控制升温速率 10℃/min，氮气流速 100mL/min，温度区间室温至 1200℃。

2.4.5 真密度分析

绝对密实状态下，单位体积固体物质的实际质量称为原料的真密度（true

density），即多孔材料去除颗粒间的空隙或者内部孔隙后的密度。选择北京贝士德公司生产的 3H-2000TD 型全自动真密度仪测定试样真密度。该仪器采用气体置换法，利用惰性气体氦气（He）稳定性强、分子直径小、渗透性好的特性，使之弥散渗透到试样内部孔隙中；测定待测样品所占测试腔体积从而计算得到样品真密度。

3H-2000TD 型全自动真密度测定仪通过计算机控制，可迅捷准确地测定样品真密度，氦气选择高纯（不小于 99.999%）气体，测试体积范围 0.01~2000mL，测试精度不小于±0.04%，重复性不小于±0.02%。

2.4.6 比表面积分析

采用美国麦克莫瑞公司生产的 ASAP2020 型比表面积分析仪进行原料及纯化后炭粉的比表面积分析，选择 BET 比表面积测试法：将试样破碎为小于 0.074mm（200 目）粉料，在 200℃下脱气 8h，利用高纯氮气（纯度不小于 99.999%）在-196℃下进行试样的静态等温吸附测试，计算机通过预设程序自动计算得到试样的比表面积。

2.4.7 粒度分析

采用英国麦克马文公司产 MS2000 型激光粒度分析仪进行固体颗粒粒径分析，选择酒精为扩散剂，折光率参考石墨，利用 Furanhofer 衍射及 Mie 散射理论，测定试样的粒径分布曲线。

2.4.8 离子浓度分析

（1）F^- 浓度检测。F^- 浓度通过上海仪电科学公司产 PXSJ-216 型离子计测定。测定过程：1）用事先备用的标定液对氟离子浓度计进行标定；2）以浓度为 10mg/L、50mg/L、100mg/L、150mg/L、200mg/L 的氟化钠溶液测量数据绘制 $\lg c_F$-$E(mV)$ 标准曲线；3）将待测液稀释 400 倍后测定其电位值；4）根据测定的电位值对比标准曲线，计算得到溶液中 F^- 浓度。

（2）H^+、OH^- 浓度检测。H^+、OH^- 浓度通过酸碱滴定法测定。

（3）Al^{3+} 浓度检测。$Al(OH)_4^-$、Al^{3+} 的浓度通过离子滴定法测定。测定过程：1）取一定量偏铝酸钠溶液于锥形瓶中，加入一定体积的 EDTA，同时加盐酸，加热煮沸，加 2~3 滴醋酐，趁热用氢氧化钠滴定至微红色；2）然后用水冲洗冷却，加入 10mL 左右的醋酸-醋酸钠缓冲溶液、3 滴二甲酚橙溶液，然后用硝酸锌将溶液从棕黄色回滴到玫瑰红色，即为终点。

（4）Na^+ 浓度检测。Na^+ 浓度测定通过日本岛津公司产 S0800306 型原子吸收分光光度计，采用火焰原子吸收光谱法测定。

3 废阴极炭块物理化学性能

实验所用原料来自国内多家铝电解冶炼生产厂家排放的废阴极炭块。由于不同铝冶炼单位生产条件和技术参数之间的差异性,需要对所获取的废阴极炭块的物理化学性能进行全方位的剖析。通过生产现场取样过程分析表征新排放废阴极炭块的外观形貌,采用多项现代分析检测技术对所取废阴极进行全方位的物理化学性能及工艺矿物学性质剖析,明确不同厂家所产废阴极的异同点,以利于废阴极炭块处理工艺的选择与确定。

3.1 废阴极炭块的选取

一般在运行 3~10 年后铝电解槽内部会产生一系列问题,如槽内衬破损、阴极炭块隆起、老化、阴极炭块形成冲蚀坑或开裂、钢棒熔蚀、槽壳结构形变等,这些问题都是制约电解槽服役寿命的因素[128]。因此,铝电解槽需要定期维修,更换内部槽衬。

铝电解废阴极中部分无机盐与水会发生反应,产生爆炸性有毒气体,曾有企业因选择湿法刨槽而导致生产事故,因此刨槽过程一般选择干式刨槽。干式刨槽的主要流程包括:清理表面覆盖的电解质和铝结块→清除侧部炭块→切断阴极钢棒→多功能天车吊出废阴极炭块→清理槽底→大修渣转运到废弃物堆场。为缩短刨槽时间,一些企业选择将阴极炭块吊出后在废弃物堆场进行表面覆盖物清理。干式刨槽可采取从出铝端向烟道端逐步推进的方式吊出,也可从出铝端和烟道端向中间靠拢的方式吊出。图 3-1 所示为当前典型干式刨槽过程,图 3-2 所示为铝电解槽内衬剖面图。

阴极炭块在铝电解过程中不可避免地会受到高温铝液、电解质液和金属钠等强腐蚀性物质的侵蚀,导致炭块膨胀产生裂纹,铝液和电解质液沿着裂缝进入,使得阴极炭块破损更为严重。图 3-3 所示为废阴极炭块裂缝中电解质凝结块。阴极表面与铝液发生反应可以产生黄色粉末碳化铝,反应方程式见式(1-6),碳化铝易吸水生成氢氧化铝。因此在新排出的废阴极炭块中可以很明显地发现碳化铝粉末,放置一段时间则粉末颜色变淡直至成为白色。图 3-4 所示为新排废阴极炭块表面的碳化铝。对比图 3-3 和图 3-4 两图中碳化铝粉外观可以发现,图 3-4 中碳化铝的颜色较为鲜亮,而图 3-3 中的碳化铝颜色暗淡,说明一部分碳化铝吸水转化为白色氢氧化铝。

(a)　　　　　　　　　　　　　　　(b)

(c)　　　　　　　　　　　　　　　(d)

图 3-1　铝电解大修刨槽过程

（a）表层覆盖物未清理；（b）切断阴极钢棒；（c）吊运；（d）堆场

图 3-2　铝电解槽内衬剖面图

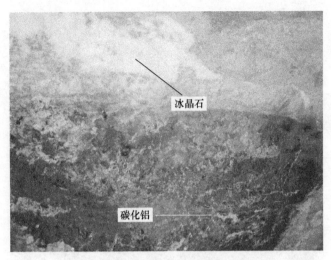

图 3-3 阴极炭块裂缝中的电解质

图 3-4 阴极炭块表面碳化铝

高温铝液和电解质液沿着阴极炭块裂缝渗漏到底部会对防渗材料产生腐蚀作用，因为熔融氟化物电解质不仅可以溶解氧化铝，也可以溶解所有常见的氧化物耐火材料和保温材料的矿物组分。高温铝液和熔融电解质液在阴极炭块底部腐蚀产生冲蚀坑，图 3-5 所示为阴极炭块底部冲蚀坑示意图。在生产运行过程中，阴极炭块和防渗耐火材料长时间处于高温环境，使得防渗料会与阴极炭块烧结或被渗透下的熔融电解质与防渗材料、耐火材料反应产生的物质粘连成一体；阴极炭块裂缝处渗漏的高温铝液和电解质液冷却后也增大了防渗料与阴极炭块的结块程度，图 3-6 所示为阴极炭块与底部耐火材料结块。

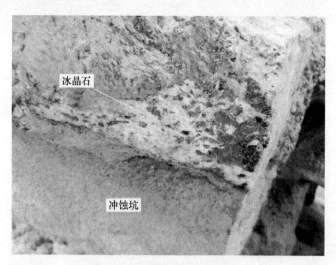

冰晶石

冲蚀坑

图 3-5　阴极炭块底部冲蚀坑

图 3-6　阴极炭块与耐火材料粘连

3.2　废阴极炭块理化性能分析

将大修槽新排放的废阴极炭块进行分拣，废阴极表层黏附的耐火材料、保温材料、凝固的金属铝及电解质等面积较大、易分离的物质进行人工预分离。选择废阴极炭块作为该书综合回收研究原材料。现有废阴极炭块原料 5 种，分别由青铜峡铝厂、启明星铝厂、包头铝厂、中孚铝厂、南山铝厂等国内铝电解冶炼企业提供，将原料编号为 QTX、QMX、BT、ZF、NS。5 种原料基本信息说明见表 3-1。

表 3-1 原料基本信息说明

样品编号	QTX	QMX	ZF	BT	NS
厂家	青铜峡铝厂	启明星铝厂	中孚铝厂	包头铝厂	南山铝厂
槽电流强度/kA	300	300	320	300	300
平均槽龄/天	约2100	约1900	约1500	约2800	约2000
停槽原因	计划大修	计划大修	早期破损	计划大修	计划大修

将 5 种原料破碎为小于 0.074mm（200 目），置于干燥箱 105℃ 干燥 12h 以备分析检测。

3.2.1 化学组成

按《石墨化学分析方法》（GB/T 3521—2008）进行工业分析，5 种原料工业分析结果见表 3-2。

表 3-2 原料工业分析　　　　　　　　　　　　　　（%）

原料	水 分	固定碳含量	挥发分	灰 分
QTX	1.83	74.82	1.09	22.26
QMX	1.61	63.03	0.86	34.50
ZF	1.49	59.24	0.91	38.36
BT	1.78	70.02	0.90	27.30
NS	1.66	66.24	1.21	30.89

5 种原料的灰分进行 XRF 分析，结合工业分析得到的固定碳含量计算得到原料中的元素组成，元素分析结果见表 3-3。

表 3-3 原料元素分析　　　　　　　　　　　　　（%）

原料	C	F	Na	Al	O	Si	Ca	K	Fe	其他
QTX	77.32	8.27	4.76	3.33	3.62	0.74	0.80	0.45	0.32	0.39
QMX	64.94	13.97	10.57	5.21	2.92	0.52	1.05	0.23	0.45	0.28
ZF	61.06	14.37	8.71	7.09	5.47	0.43	1.35	0.68	0.43	0.29
BT	72.10	11.39	6.70	4.81	3.39	0.10	0.93	0.23	0.11	0.24
NS	68.59	10.87	5.92	6.97	4.96	0.58	1.14	0.37	0.31	0.29

注：1. 原料干燥后进行元素分析。

2. C 包含挥发分。

通过元素分析和工业分析，可以得出：铝电解废阴极炭块破碎粉磨成小于0.074mm（200 目）后在烘箱中干燥得到的粉料中含有的水分较少，5 种物料含有的水分均小于 2%，表明物料无明显吸水现象，后续处理过程中若采用湿法处理可近似忽略干燥粉料中所含水分对处理结果的影响，同时可一定程度上缩短干燥过程。通过《石墨化学分析方法》（GB/T 3521—2008）950℃下分析得出的挥发分含量数据可知，5 种物料中挥发分含量较少且均匀，约占物料质量的 1% 左右，后续处理过程中若采用火法加热处理工艺，可近似忽略加热过程挥发分的损失；5 种不同废阴极炭块中所含固定碳的含量区别不大，为 55%～75%，废阴极炭块中主要成分为碳质材料，具有较高的回收价值。

3.2.2　物相组成

原料分别取样，进行 XRD 分析。采用日本理学 Rigaku 公司的 Minflex 型 X 射线自动衍射仪对试样进行物相分析，如图 3-7～图 3-15 所示。

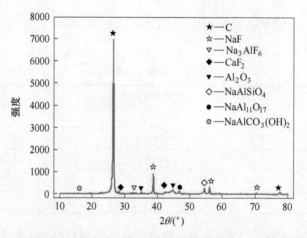

图 3-7　原料 QTX 的 XRD 图

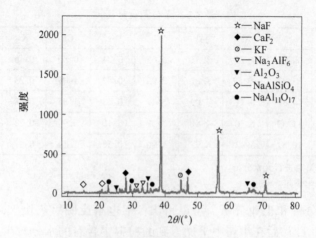

图 3-8　原料 QTX 烧灰 XRD 图

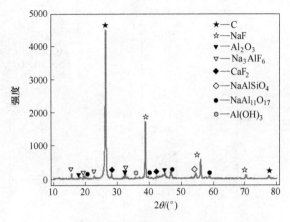

图 3-9 原料 QMX 的 XRD 图

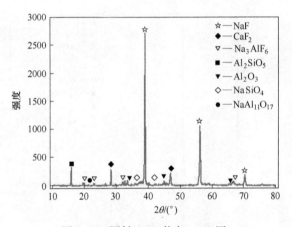

图 3-10 原料 QMX 烧灰 XRD 图

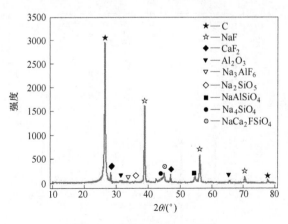

图 3-11 原料 ZF 的 XRD 图

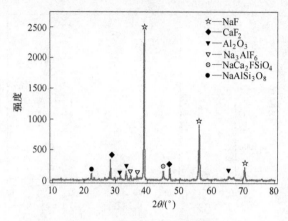

图 3-12　原料 ZF 烧灰 XRD 图

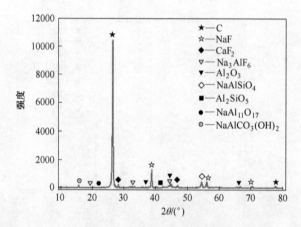

图 3-13　原料 BT 的 XRD 图

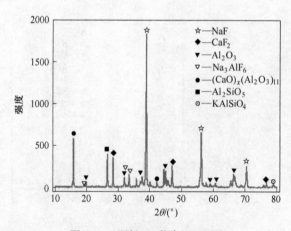

图 3-14　原料 BT 烧灰 XRD 图

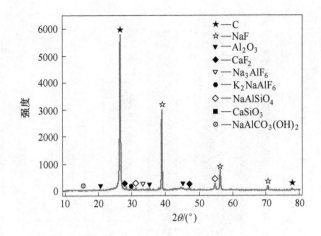

图 3-15 原料 NS 的 XRD 图

5 种取自不同厂家、不同槽型、不同槽龄的废阴极 XRD 分析数据表明：铝电解废阴极中主要成分均为炭，含量占废阴极炭块总质量的 60%~80%；含有的主要无机电解质杂质有氟化钠、冰晶石、氧化铝、β-氧化铝及复杂多样化的铝硅酸盐。铝电解槽排放的废阴极炭块中所含物质成分基本相同，杂质含量略有区别，可以采用相同的处理方法针对当前行业所产生的废阴极炭块进行处理。因此，在接下来的实验过程中，选择 5 种原料中的 QMX 料作为研究对象进行检测表征和综合处理工艺开发实验。

3.2.3 粒度组成

将铝电解废阴极炭块破碎粉磨，分别过筛，得到 0.297~0.912mm（18~50目）、0.147~0.297mm（50~100目）、0.074~0.147mm（100~200目）、0.048~0.074mm（200~300目）、0.038~0.048mm（300~400目）和小于 0.038mm（400目）粉料；将 6 种不同粒径粉料置于真空干燥箱中 105℃下干燥 4h，800℃马弗炉内空气气氛中烧灰检测物料中碳含量，其结果如图 3-16 所示。采用真密度仪检测不同粒径粉料的真密度，结果如图 3-17 所示。

由图 3-16 和图 3-17 可知，随着粉体粒径的降低，粉料中碳含量呈现先上升后降低趋势；与此同时，粉料的真密度在粒径小于 0.297mm（50目）时会呈现增大趋势。图 3-16 所示的表征结果与 D. F. Lisbona[67] 和李楠[129] 所得的实验结果吻合。废阴极炭粉呈现此种现象的原因是因为废阴极炭粉中所含的碳质成分为无烟煤和石墨，当前半石墨阴极中石墨的组成一般为 30%~50%，工业用石墨主要为鳞片石墨；石墨的硬度和脆度比废阴极中含有的无机杂质低，在破碎、粉磨过程中鳞片状石墨更容易发生滑动，使得石墨比无机盐电解质杂质更难磨细到更小的

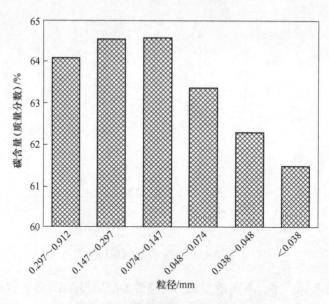

图 3-16 不同粒径物料中碳含量

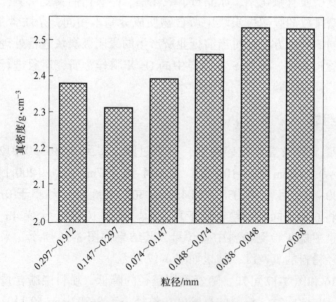

图 3-17 不同粒径物料真密度

粒径。因此，在较大粒径粉料中，石墨与炭不易分离，杂质以高硬度大颗粒状态存在，物料中碳含量低；粒径在 0.147 ~ 0.297mm（50 ~ 100 目）和 0.074 ~ 0.147mm（100 ~ 200 目）时物料含碳量相近；粒径继续降低，粉料中存在石墨的含量较高，随着粒径的减小，粉料中石墨相对含量降低，粉料碳含量降低。与此相反的是物料的真密度呈现随粒径降低而增大的整体趋势，这与物料中硬度和密度更大的电解质含量的增多有关。

3.2.4 物相嵌布特征

通过 SEM-EDS 分析，确定铝电解废阴极中炭与无机电解质杂质的伴生状态，明确物料中存在的杂质成分。图 3-18~图 3-22 所示为 5 种不同铝电解废阴极粉体小于 0.074mm（200 目）的 SEM-EDS 图。

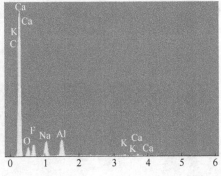

图 3-18　原料 QTX 的 SEM-EDS 图

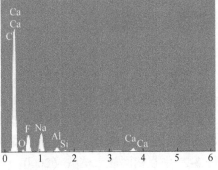

图 3-19　原料 QMX 的 SEM-EDS 图

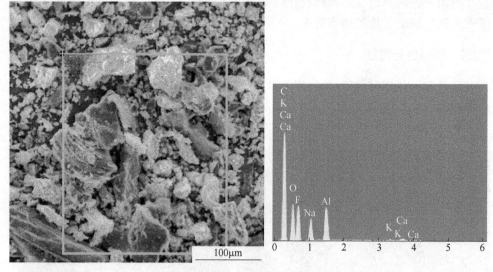

图 3-20   原料 ZF 的 SEM-EDS 图

图 3-21   原料 BT 的 SEM-EDS 图

由图 3-18~图 3-22 中 5 种不同废阴极炭粉的 SEM-EDS 分析结果可知，废阴极中主要元素均为 C 元素，另含有 O、F、Na、Al、Ca 等种类相同的杂质元素；废阴极中元素种类与表 3-3 中元素分析结果相同；物料中无机盐杂质主要以粘连状态附着在碳基体上，另有部分杂质与碳基呈相互交缠包裹状态。图 3-21 和图 3-22 中在相同放大倍数（2000×）下颗粒较大，其原因是所选视野中颗粒分布不均匀，但其 EDS 分析结果显示元素种类并无差异性。

图 3-22 原料 NS 的 SEM-EDS 图

图 3-23 所示为物料 QMX 经破碎粉磨成 6 种不同粒径粉料后进行的 SEM 扫描图。由图中可以看出，粒径在 0.297~0.912mm 中，所选视野内有大颗粒杂质没有被磨细而与炭粘连在一起，大颗粒物料中碳含量低，肉眼可发现某些白色或灰色电解质；随着粒径的降低，视野内亮色部分减少，代表炭的灰色部分明显增多，炭颗粒从片状逐步向颗粒状变化；物料粒径在 0.038~0.048mm 和小于 0.038mm 两图中，代表杂质成分的亮色部分多于粒径 0.074~0.147mm 和 0.048~0.074mm，这种现象也与图 3-16 中不同粒径中碳含量变化图相吻合。SEM 图显示，炭与杂质的结合状态有粘连和交互夹杂，嵌布状态复杂，每一粒径区间内碳基和无机盐以多尺度粒径存在。铝电解废阴极中物相嵌布特征使得炭和无机盐电解质物理方法分离困难，该书中探索试验和前人研究结果[61,69]均表明通过浮选分离废阴极回收得到的炭粉纯度较低，不能满足炭粉的循环再利用。在接下来的分离提纯实验中，若要保证杂质与碳质材料高效分离后得到纯度较高的炭粉，需要通过化学方法对废阴极中所含无机盐杂质进行分离提取。

3.2.5 热态性能

对铝电解废阴极原料进行热态性能分析，图 3-24 所示为废阴极 QMX 的 TG-DSC 曲线。图 3-25~图 3-28 是 4 家不同铝电解冶炼厂大修槽排放的废阴极 TG-DTA 分析结果。

图 3-24 （a）中温度在 0~500℃ 之间时 TG 下降失重，曲线略有下降约 2%，DSC 曲线显示吸热，说明原料中吸附水、结晶水及一部分挥发分在此温度下挥

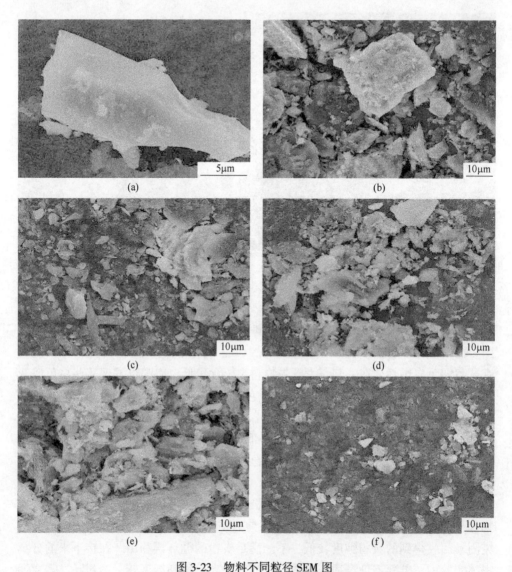

图 3-23　物料不同粒径 SEM 图

(a) 0.297~0.912mm; (b) 0.147~0.297mm; (c) 0.074~0.147mm; (d) 0.048~0.074mm;
(e) 0.038~0.048mm; (f) <0.038mm

发; 500~810℃ 区间 TG 曲线急剧下降, DSC 出现明显放热峰, 峰顶对应温度
597.34℃, 而图 3-24 (b) 中氮气气氛中在此温度区间内没有明显放热峰和质量
损失, 说明原料中炭在空气中发生氧化反应燃烧放热。图 3-24 (b) 氮气气氛
中, TG 曲线和 DSC 曲线在室温至 900℃ 之间变化不明显, 测试原料质量损失约
3%, 约为废阴极炭块中挥发分和水分含量的总和; 温度继续升高, 在 1000~
1200℃ 区间内, TG 曲线和 DSC 曲线均有较大变化趋势, 物料质量损失约

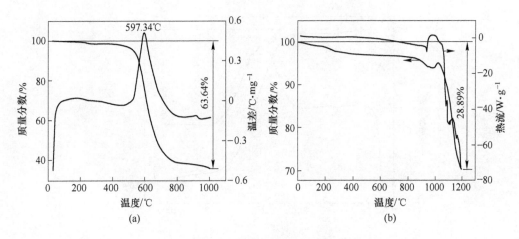

图 3-24 废阴极 (QMX) TG-DSC 图

(a) 空气气氛; (b) 氮气气氛

28.89%，该现象在空气气氛中 800~1000℃ 之间并没有出现，说明在此温度区间内空气气氛中未发生氧化反应，原料中杂质在氮气气氛中受热蒸发导致物料质量损失。氟化钠熔点 993℃，冰晶石熔点 1009℃，在有其他杂质存在的前提下不排除部分杂质产生了添加剂作用使得铝电解废阴极炭块中无机电解质杂质的初晶温度降低、熔点下降，这种现象可参照铝电解过程中电解质初晶温度通过添加剂调整的行为。

由图 3-25~图 3-28 中废阴极在空气气氛中的 TG-DTA 分析结果可知，4 种不同废阴极的热分析结果具有以下结论：

（1）废阴极质量变化趋势相同。在室温至 200℃ 之间废阴极粉料的质量损失较小，而 DTA 曲线温差值低于零，为吸热状态，说明在此温度区间内物料质量损

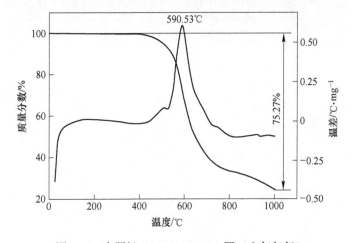

图 3-25 废阴极 (QTX) TG-DTA 图 (空气气氛)

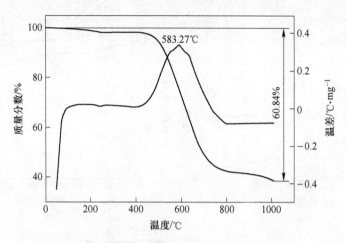

图 3-26　废阴极（ZF）TG-DTA 图（空气气氛）

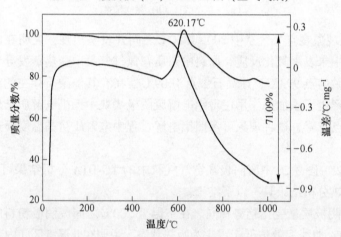

图 3-27　废阴极（BT）TG-DTA 图（空气气氛）

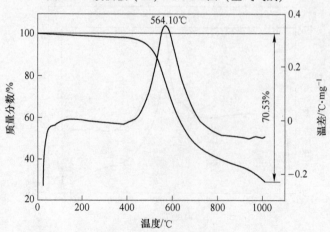

图 3-28　废阴极（NS）TG-DTA 图（空气气氛）

失主要为水分蒸发；继续升高温度，在500~800℃之间物料质量急剧下降，结合DSC分析可知为废阴极中固定炭的燃烧损失；在800~1000℃之间质量损失速率减缓，为废阴极中氟化物等可挥发物质受热挥发引起的质量减少。

（2）温差曲线变化趋势相同。在低温阶段，4条温差曲线均呈上升趋势，显示物料为吸热状态，此阶段物料受热导致吸附水分蒸发，为物理吸热过程；在500~800℃区间内曲线呈明显峰形，为放热峰，结合图3-23（b）中氮气气氛下分析结果，此放热峰为废阴极中所含固定炭与氧气发生燃烧反应放热。

（3）废阴极质量损失率与元素分析结果吻合。4种废阴极炭粉的热分析结果图中质量损失率与表3-3中元素碳的含量接近，表明在室温至1000℃区间，若不考虑水分和蒸发分的影响，废阴极在空气中受热质量降低的主要原因为固定炭的燃烧损失。

4种不同废阴极热分析结果再次印证了该书中涉及废阴极处理方法的普遍性。

3.2.6 浸出毒性

根据《危险废物鉴别标准——浸出毒性鉴别》（GB 5085.3—2007）中所述鉴别方法进行铝电解废阴极炭块中可溶氟离子和氰化物的浸出检测，5种原料的浸出毒性见表3-4。

表 3-4 原料浸出毒性

原　　料	F⁻	CN⁻
QTX	2895.61	33.54
QMX	3256.83	26.38
ZF	2054.27	46.28
BT	2735.69	32.19
NS	3429.88	27.44

铝电解废阴极中含有的可溶氟化物和氰化物是废阴极炭块对环境和生态产生威胁的主要污染源。表3-4中，废阴极炭块所含的可溶离子随槽龄增长呈上升趋势，另受停槽原因和槽运行状态的影响；而且，废阴极中杂质分布不均匀，易受阴极炭块所处位置影响[7,38]。表3-4中5种不同产地的废阴极炭块中所含的可溶氟化物和可溶氰化物远高于国家规定的危险废物中可溶氟化物浸出浓度界限，这对废阴极炭块的无害化处理提出了严格的要求。但是，危机也意味着转机。当前铝电解废阴极炭块中可溶氟化物较高的浸出浓度也为研究人员和行业工作者提供了一个处理思路：水浸废阴极分离回收其中的可溶氟化物，这种方法已获得了广泛关注[62,65,68]。在后续实验研究过程中，可以借鉴前人研究成果，考虑将废阴极

中可溶氟化物浸出回收。废阴极中含有的可溶氰化物无害化处理也是相关研究的重点关注方向，氰化物处理方法主要包括空气中氧化分解[14]、溶液中氧化分解[39]等。本书主要研究目标为探索研发一个高效、清洁的铝电解废阴极综合回收处理工艺，有关废阴极的浸出毒性处理将是研究过程中不能回避的实验模块。

3.3　本章小结

针对国内多家电解铝企业所取废阴极炭块进行的全面分析检测，得出如下结论：

（1）采用干式刨槽方式可以将废阴极炭块与底部的保温防渗料大致分离，有利于对废阴极炭块集中处理。

（2）废阴极炭块在堆场放置一段时间后表面会发生反应，但吸水现象不严重（小于2%），废阴极中挥发分含量很少（小于1%），水分和挥发分对废阴极分离提纯处理的影响可忽略。

（3）不同废阴极炭块中元素种类相同，以C元素为主（含量约为废阴极质量的55%~75%），其他元素有F、Na、Al、O、Ca及微量元素。

（4）XRD分析结果表明，废阴极中物相构成相同，主要组分为碳和氟化物、铝化合物等；不同废阴极炭块中均含有复杂多样化的铝硅酸盐。

（5）小于0.147mm（100目）的粒径粉料中碳含量随着粒径的降低呈现降低趋势，而粉料真密度呈上升趋势，表明小粒径粉料中的无机盐含量更高；但大于0.297mm（50目）的大颗粒粉料中杂质含量较高，这与原料破碎不充分有关。

（6）SEM分析结果表明，废阴极中无机盐杂质和碳以不规则形状与多尺度粒径粘连镶嵌，部分无机盐被包裹或夹杂在炭片层中，碳基与无机盐嵌布状态复杂；EDS结果印证了5种废阴极的化学分析结果。

（7）分析结果显示5种废阴极炭块热性能具有相同点：质量变化趋势相同；温差曲线变化趋势相同；质量损失率与元素分析结果吻合；废阴极在空气气氛中500~800℃发生氧化反应，为炭燃烧释放热量。

（8）废阴极炭块中可溶离子F^-和CN^-含量远超国家危险废弃物界定标准，需要进行无害化处理；废阴极中可溶离子量受槽龄、槽型、运行状态、停槽原因等多种因素影响，一般槽龄长、运行状态差的废阴极炭块中含量高。

（9）物理化学性能决定了5种废阴极炭块处理方法具有可统一性。

4 废阴极炭的提纯

由第 3 章中物料理化性能剖析结果可知，铝电解槽废阴极炭块中含有的氟化物主要有冰晶石、氟化钠、氟化钙等，铝化合物物主要有氧化铝、氢氧化铝、碳化铝、β-氧化铝等，以及复杂多样的铝硅酸盐。为了实现氟化物和铝化合物与炭的有效分离，且能保证氰化物不形成有毒性气体逸出，碱性溶液浸出是一个有效脱除废阴极炭块中的冰晶石、氟化钠、氧化铝、氢氧化铝、碳化铝等物质的方法，同时还可以将氰化物限制在碱性环境中，防止其逸出污染环境。碱浸渣中残留的氟化钙、少量未反应的氧化铝等物质和部分铝硅酸盐理论上可通过酸浸进一步脱除。基于废阴极中高含量钠和酸碱反应性要求，选择氢氧化钠和盐酸作为碱浸-酸浸提纯废阴极炭实验的化学试剂。

4.1 废阴极炭提纯基础理论研究

4.1.1 热力学基础

4.1.1.1 碱浸过程

碱浸过程中，铝电解废阴极中含有的无机盐杂质与氢氧化钠反应的主要化学方程式有：

$$Al_2O_3 + 2NaOH + 3H_2O =\!=\!= 2NaAl(OH)_4 \tag{4-1}$$

$$Al(OH)_3 + NaOH =\!=\!= NaAl(OH)_4 \tag{4-2}$$

$$Na_3AlF_6 + 4NaOH =\!=\!= NaAl(OH)_4 + 6NaF \tag{4-3}$$

$$AlN + 3H_2O =\!=\!= Al(OH)_3 + NH_3(g) \tag{4-4}$$

$$Al_4C_3 + 12H_2O =\!=\!= 4Al(OH)_3 + 3CH_4(g) \tag{4-5}$$

热力学计算中，$\Delta G\text{-}T$ 关系图是直观表述化学反应吉布斯自由能随温度变化趋势的平衡图；热力学平衡图 $\lg K\text{-}T$ 中可以表述化学反应平衡常数随温度变化趋势。根据热力学公式（4-6）和式（4-7）进行化学方程式（4-1）～式（4-5）的 $\Delta G\text{-}T$ 关系图和 $\lg K\text{-}T$ 平衡图绘制。反应平衡图如图 4-1 和图 4-2 所示。

$$\Delta_r G_m^{\ominus} = \sum \gamma \Delta_f G_{m(Product)}^{\ominus} - \sum \gamma \Delta_f G_{m(Reactant)}^{\ominus} \tag{4-6}$$

$$\Delta_r G_m^{\ominus} = -RT\ln K \tag{4-7}$$

铝电解废阴极炭块碱浸纯化实验是一个复杂的非均相反应体系。多相反应的

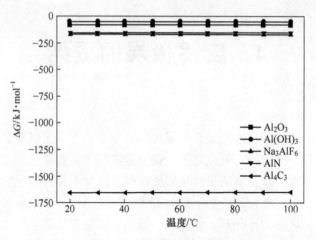

图 4-1 废阴极碱浸过程 ΔG-T 图

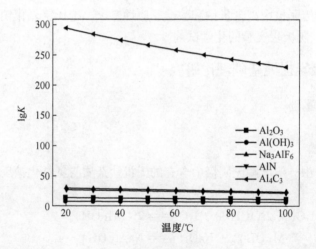

图 4-2 废阴极碱浸过程 lg$K$-T 图

一个显著特征就是在整个反应过程中都存在着反应界面，而反应界面的几何结构和物理性质对界面反应的速率过程有重要作用。由图 4-1 可知，废阴极碱浸过程中，反应温度在 20~100℃ 区间时，可能发生的化学反应式（4-1）~式（4-5）的反应吉布斯自由能值均小于零，且远小于零，说明这 5 个化学反应在碱浸过程中均可发生，氢氧化钠溶液浸出分离铝电解废阴极炭块中的无机盐杂质是可行且合理的。图中，碳化铝与水发生反应生成氢氧化铝过程中，其反应吉布斯自由能绝对值较大，表明方程式（4-5）在温度区间 20~100℃ 极易发生。吉布斯自由能随温度变化趋势及其吉布斯自由能值与第 3 章中图 3-3 和图 3-4 所示现象吻合：碳化铝易与水发生反应，新排出的铝电解废阴极表面黏附有金黄色碳化铝粉末，碳化铝粉体与空气中含有的水分发生反应，随着时间的推移，金黄色粉末逐渐变为白色粉末氢氧化铝。

图 4-1 中 $\Delta G\text{-}T$ 曲线表明了反应在既定温度下发生的可能性，需要通过其他方式进一步研究化学反应进程。图 4-2 所示为反应式（4-1）~式（4-5）的化学平衡常数 K 随温度变化趋势，平衡常数较大，对其取对数以 $\lg K$ 代替。从图中可知，在 $20\sim100℃$ 时，化学反应式（4-1）~式（4-5）的 $\lg K$ 均随温度 T 升高呈降低趋势。热力学理论中[130]，任意化学反应均存在可逆反应，即所有反应都存在热力学平衡；平衡常数越大，化学反应越彻底。下降趋势的平衡常数曲线表明反应随着温度的升高而逆反应趋势增强。基于图 4-2 的分析，高温并不利于化学反应彻底进行，但碱浸过程中 5 个化学反应的 $\lg K$ 值均证明了热力学范畴内反应的可行性：碳化铝、氮化铝可与水反应生成氢氧化铝，而氧化铝、冰晶石、氢氧化铝均可与氢氧化钠反应生成可溶于碱液的离子。温度对溶液浸出体系的影响并不局限于反应可逆程度，还包括粒子布朗运动、溶液表面张力、离子活性等方面。因此，在接下来的实验环节，需要综合考虑温度对浸出提纯效果的影响而不是单纯依据图 4-2 得出的高温不利于反应彻底的结论。

4.1.1.2 酸浸过程

根据第 3 章物料灰分中可能存在的无机盐物质，分析多类物质（除可溶于碱液中的物质）在盐酸溶液中可能存在的反应，探究盐酸进一步提纯碱浸处理后炭粉的可行性。盐酸浸出纯化作用主要分为 3 类[54,68,73]：

（1）盐酸浸出可以除去碱浸未能除去的杂质：

$$NaAlSiO_4 + 4HCl =\!=\!= NaCl + AlCl_3 + SiO_2(胶体) + 2H_2O \quad (4\text{-}8)$$

$$CaSiO_3 + 2HCl =\!=\!= CaCl_2 + H_2SiO_3 \quad\quad\quad\quad (4\text{-}9)$$

$$NaAlCO_3(OH)_2 + 4HCl =\!=\!= NaCl + AlCl_3 + CO_2 + 3H_2O \quad\quad (4\text{-}10)$$

$$CaF_2 + 2HCl =\!=\!= CaCl_2 + 2HF \quad\quad\quad\quad (4\text{-}11)$$

（2）中和碱浸阶段剩余的碱：

$$NaOH + HCl =\!=\!= NaCl + H_2O \quad\quad\quad\quad (4\text{-}12)$$

（3）除去一些碱浸剩余杂质：

$$Na_3AlF_6 + 6HCl =\!=\!= 3NaCl + AlCl_3 + 6HF \quad\quad (4\text{-}13)$$

$$Al_2O_3 + 6HCl =\!=\!= 2AlCl_3 + 3H_2O \quad\quad\quad\quad (4\text{-}14)$$

4.1.2 动力学基础

铝电解废阴极碱浸-酸浸过程热力学分析只解决了反应的平衡问题，而不能回答达到平衡所经历的反应历程和速度问题[131]。在分离纯化过程中，还需要研究各实验因素对反应速率的影响，确定限制环节，改进实际操作，提高或控制反应的强度以获得更优实验效果。因此，研究铝电解废阴极炭块提纯过程的反应动力学具有实际意义。

　　铝电解废阴极在碱液和酸液中浸出过程反应模型如图 4-3 所示。浸出纯化过程主要为液/固相反应，另包含少部分气（液）/固相反应，如氮化铝、碳化铝等与水发生的化学反应。这些气（液）/固相反应速率大，反应吉布斯自由能远小于零；因此，该书中忽略碱浸-酸浸过程中的气-液-固三相反应，仅考虑废阴极中杂质与浸出剂之间发生的液/固两相反应；另外，因为在实验过程中，参与浸出反应过程的铝电解废阴极已通过破碎、球磨制备成细小粉末，且湿法冶金大部分反应遵守阿伦尼乌斯定律，故可将实验过程中的固体反应物视为均匀的致密球体，以"未反应收缩核模型"[132]来分析浸出实验过程中的动力学行为。

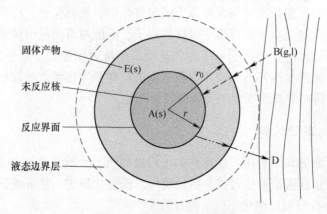

图 4-3　浸出过程反应模型

　　铝电解废阴极炭浸出提纯过程化学反应主要分为 3 个步骤：

　　(1) 液态反应物的扩散：碱浸过程中氢氧化钠溶解于水产生的 OH^- 向氧化铝、冰晶石等固态物质表面扩散，酸浸过程中 H^+ 向固态物质表面扩散，固体反应物在碱液和酸液中参与反应逐渐收缩减小；

　　(2) 界面反应：液态反应物扩散到达固态反应物表层后两者发生化学反应；

　　(3) 液态产物的外扩散：碱浸-酸浸过程中生成物主要为溶液状态，含少量气态或固态产物，生成的产物通过边界层向外扩散。

　　忽略反应式 (4-4) ~ 式 (4-5) 和式 (4-8)，废阴极碱浸-酸浸过程可以简化为固体物质 A(s) 与水溶性物质 B(aq) 发生化学反应，产生了水溶性物种 C(aq)。废阴极浸出过程包括液态反应物和产物的扩散、界面化学反应两部分。化学反应为：

$$aA(s) + bB(aq) \Longrightarrow cC(aq) \tag{4-15}$$

　　假定固体物质 A(s) 为单一粒径、均匀致密球体，界面反应为一级不可逆反应，且反应产生的水溶性物质 C(aq) 具有足够快的扩散速率。不同反应控制模型的动力学方程推导过程如下。

4.1.2.1 界面反应控制模型

$$v = -\frac{dm}{dt} = kAc^n \tag{4-16}$$

式中，v 为化学反应速率，$mol/(L \cdot min)$；m 为固体颗粒质量，g；t 为反应时间，min；k 为表面化学反应速率常数，min^{-1}；A 为反应界面面积，m^2；c 为反应物浓度，mol/L；n 为反应级数。

因固体反应物为均匀致密的球体，则：

$$-\frac{dm}{dt} = -4\pi r^2 \rho \frac{dr}{dt} \tag{4-17}$$

式中，r 为固体反应物球体半径，cm；ρ 为固体反应物密度，g/cm^3。

联立方程式 (4-16) 和式 (4-17) 得：

$$-dr = \frac{kc^n}{\rho}dt \tag{4-18}$$

实验过程中，浸出剂碱液和酸液大大过量，可认为反应物 OH^- 和 H^+ 的离子浓度不变，c 可视为常数，$c = c_0$，对方程式 (4-18) 两边积分，得：

$$r_0 - r = \frac{kc_0^n}{\rho}t \tag{4-19}$$

式中，c_0 为浸出剂初始浓度；r_0 为固体反应物球体初始半径。

因固体反应物的初始半径较难测定，业内一般以反应分数 x（易获得的量占反应进行的百分率）来表示，即：

$$R = \frac{\frac{4}{3}\pi r_0^3 \rho - \frac{4}{3}\pi r^3 \rho}{\frac{4}{3}\pi r_0^3 \rho} = 1 - \frac{r^3}{r_0^3} \tag{4-20}$$

$$r = r_0(1-x)^{1/3} \tag{4-21}$$

即：
$$1 - (1-x)^{1/3} = \frac{kc_0^n}{r_0\rho}t \tag{4-22}$$

式中，c_0、n、r_0、ρ 等均为常数，将其合并得界面化学反应控制的液/固相反应动力学方程：

$$1 - (1-x)^{1/3} = k_1 t \tag{4-23}$$

式中，x 为浸出率；k_1 为综合速率常数。

4.1.2.2　外扩散控制模型

设扩散层厚度为 δ_1，假定反应速率很快，外扩散进入的浸出剂会立即被消耗，即认定界面浓度 $c_s = 0$。根据菲克第一定律，单位时间内通过外扩散层的浸出剂量为：

$$J = c_0 D_1 A / \delta_1 \tag{4-24}$$

式中，D_1 为扩散系数。

前面已经分析得知，废阴极碱浸-酸浸过程中不生成固体物质，则其液膜与固态反应物的接触界面面积 A 随反应的进行逐渐缩小，界面面积 A 在数值上等于未反应固态核的表面积。众所周知，流体相中反应物的消耗与固体反应物的量成正比，设其比例系数为 α，则固体反应速率为：

$$-\frac{\mathrm{d}m}{\mathrm{d}t} = c_0 D_1 A / (\alpha \delta_1) \tag{4-25}$$

在浸出过程中，固体颗粒的直径 r 不断缩小，与此同时扩散层厚度 δ 不断增大，两者一般成正比关系。根据式（4-23）推导过程，得外扩散控制反应动力学方程：

$$1 - (1 - x)^{2/3} = k_2 t \tag{4-26}$$

式中，x 为浸出率；k_2 为综合速率常数。

4.1.3　提纯工艺原则流程设计

基于铝电解废阴极中主要杂质组分剖析及其在氢氧化钠溶液浸出和盐酸溶液浸出过程中的热力学与动力学基础分析，废阴极炭的化学浸出纯化过程可分为破碎、碱浸、酸浸等主要步骤，提纯后得到纯度较高的炭粉。设计废阴极炭的提纯工艺原则流程如图 4-4 所示。

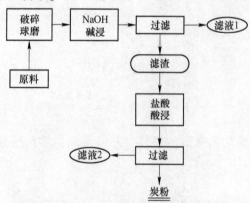

图 4-4　废阴极碱浸—酸浸原则的工艺流程

4.2　废阴极炭碱浸除杂工艺研究

4.2.1　实验内容

4.2.1.1　实验原料

通过第 3 章物料理化性能分析结果，选择国内某电解铝厂排放的废阴极作为代表性物料进行化学浸出纯化实验以回收炭粉。所选废阴极物料的工业分析和元素分析分别见表 4-1 和表 4-2，XRD 图如图 3-9 所示。从表 4-2 和图 3-9 可以看出，废阴极炭块的主要成分是碳，还包含大量的氟化钠以及冰晶石、氧化铝、铝硅酸盐等杂质。将原料破碎球磨，过 0.074mm（200 目）筛得到粉料，在烘箱中105℃下烘干 4h 备用。

表 4-1　原料工业分析　　　　　　　　　　（%）

原　料	水　分	固定碳含量	挥发分	灰　分
QMX	1.61	63.03	0.86	34.50

表 4-2　原料元素分析　　　　　　　　　　（%）

原料	C	F	Na	Al	O	Si	Ca	K	Fe	其他
QMX	64.93	12.94	7.85	6.38	4.93	0.47	1.22	0.61	0.39	0.28

4.2.1.2　实验过程

取干燥后的废阴极粉料与碱液按一定液固比混合，在塑料烧杯中进行浸出提纯实验，整个实验在电磁搅拌恒温水浴锅中完成；实验结束后碱浸渣多次水洗至中性，过滤，滤渣置于鼓风烘箱中 105℃烘干 4h，检测含碳量。根据第 3 章中关于图 3-24 原料 QMX 的 TG-DSC 图分析结果可以得出，铝电解废阴极可以在空气中发生燃烧反应，主要为炭的燃烧，且当温度达到 800℃时废阴极中的炭可完全燃烧。另外，原料中水分和挥发分含量较低，两者之和约 2%，烘干后的浸出渣中水分含量可忽略不计。因此，为提高实验效率、降低实验复杂度，含碳量可采用空气气氛中 800℃保温 4h 烧灰烧损率表示，含碳量采用式（2-1）表示。

废阴极碱浸过程中去除了多种无机盐杂质，难以计算某一种或某几种化合物的去除率。因此，为了简化分析过程，采用原料中除碳外最大含量元素 F 的浸出率和浸出渣的碳含量来表示废阴极碱浸效果，元素 F 的浸出率采用式（2-2）表示。

4.2.1.3　实验设计

在铝电解废阴极炭块碱液浸出探索性实验中，影响最终结果浸出渣碳品位的因素很多，如温度、时间、液固比、初始碱浓度、搅拌速率、原料粒径等。实际实验过程中，如果不加选择的考虑每个实验因素，会导致工作量加大，同时也很难直观分析选择出这些因素中对实验结果有显著影响的因子，因而需要通过实验设计以期从众多的影响因素中明确影响较为显著的因素。实验过程中，为达到用最少的实验次数得到较多信息的目的，且获得众多实验因素影响实验结果的主次关系，研究人员通常选用正交实验的方法[133~135]。

通过正交实验法研究了废阴极炭块碱浸过程中影响因子温度（A）、浸出时间（B）、液固比（C）、初始碱浓度（D）、物料粒径（E）以及搅拌速率（F）等6个因素对实验结果的作用；遵循"搭配均匀、散布均衡"[72]的原则设计了六因素三水平正交表，$L_{27}(6^3)$ 正交表见表4-3。

表4-3　碱浸过程正交设计表

代码	因　　素	水　　平		
		1	2	3
A	温度/℃	20	40	60
B	时间/min	30	60	90
C	液固比	3	6	9
D	初始碱浓度/mol·L^{-1}	0.25	0.5	0.75
E	粒径/mm	0.147~0.297 (50~100目)	0.074~0.147 (100~200目)	<0.074 (200目)
F	搅拌速率/r·min^{-1}	100	200	300

基于废阴极碱浸正交实验结果，进行单因素实验，以获得准确度更高的最优工艺参数。单因素实验考查温度、时间、液固比、初始碱浓度、搅拌速率、原料粒径等不同因素的影响，并按正交实验所得因素对浸出结果的影响主次关系进行实验。

4.2.2　实验结果与讨论

4.2.2.1　正交实验结果与讨论

废阴极炭碱浸提纯正交实验结果采用极差法进行数据分析见式（4-27）。极差 R_j 值越大，说明因素 j 对实验结果影响越大；反之，因素 j 对实验结果影响越小。极差值可以确定不同实验因素对结果影响的主次关系[136]。

$$R_j = \max(\overline{K}_{i1}, \overline{K}_{i2}, \cdots, \overline{K}_{im}) - \min(\overline{K}_{i1}, \overline{K}_{i2}, \cdots, \overline{K}_{im}) \qquad (4-27)$$

式中，K_{im} 为同一水平 i 的实验指标之和；$\overline{K}_{im}$ 为同一水平 i 的实验指标的平均值；R_j 为因素 j 的最大平均实验指标与最小平均指标之间的差值。

表 4-4 中列出了铝电解废阴极炭碱浸纯化正交实验的结果。从表中可以看出，6 个实验因素中，初始碱浓度对应的极差值 R 数值最大，其次分别为温度、时间、液固比，搅拌速率对应的极差值最小，即 $R(D) > R(A) > R(B) > R(C) > R(E) > R(F)$。碱浸实验因素对浸出渣中碳含量的影响主次关系为：初始碱浓度 > 温度 > 时间 > 液固比 > 原料粒径 > 搅拌速率。初始碱浓度在浸出过程中发挥着显著的作用，搅拌速率对杂质浸出率的影响最小。通过表 4-4 中实验结果可以得出，废阴极碱浸实验主要因素的较优组合为：A3B3C2D3E2F3，即温度 60℃、浸出时间 90min、液固比 6、初始碱浓度 0.75mol/L、物料粒径 0.074 ~ 0.147mm（100~200 目）、搅拌速率 200r/min。参考正交实验所得的较优参数组合，进行单因素实验，适当调整工艺参数，以达到降低化学试剂消耗及能耗、提高浸出效率的目的。

表 4-4　废阴极碱浸正交实验结果

序列	A	B	C	D	E	F	结果/%
1	1	1	1	1	1	1	72.68
2	1	1	1	1	2	2	78.56
3	1	1	1	1	3	3	79.12
4	1	2	2	2	1	1	82.67
5	1	2	2	2	2	2	87.36
6	1	2	2	2	3	3	87.59
7	1	3	3	3	1	1	88.04
8	1	3	3	3	2	2	89.66
9	1	3	3	3	3	3	89.5
10	2	1	2	3	1	2	88.67
11	2	1	2	3	2	3	89.59
12	2	1	2	3	3	1	89.24
13	2	2	3	1	1	2	85.2
14	2	2	3	1	2	3	87.39

续表4-4

序列	A	B	C	D	E	F	结果/%
15	2	2	3	1	3	1	85.74
16	2	3	1	2	1	2	88.29
17	2	3	1	2	2	3	88.26
18	2	3	1	2	3	1	87.97
19	3	1	3	2	1	3	87.32
20	3	1	3	2	2	1	87.81
21	3	1	3	2	3	2	87.56
22	3	2	1	3	1	3	90.38
23	3	2	1	3	2	1	90.12
24	3	2	1	3	3	2	90.59
25	3	3	2	1	1	3	87.1
26	3	3	2	1	2	1	87.81
27	3	3	2	1	3	2	89.07
K_1	83.91	84.51	85.11	83.63	85.59	85.68	
K_2	87.82	87.45	87.68	87.20	87.40	87.22	
K_3	88.64	88.41	87.58	89.53	87.38	87.36	
R	4.73	3.90	2.57	5.90	1.79	1.58	

4.2.2.2　单因素实验结果与讨论

A　初始碱浓度的影响

实验研究废阴极碱浸过程中初始碱浓度对浸出结果的影响。实验条件：温度60℃、浸出时间120min、液固比10∶1、物料粒径小于0.147mm（100目）、搅拌速率400r/min，结果如图4-5所示。

由图4-5可知，初始碱浓度的增大有效促进了废阴极炭中氟的浸出率和浸出渣中碳含量的增大。当初始碱浓度为0.25mol/L时，氟浸出率为82.49%，浸出渣中碳含量为78.25%；随着初始碱浓度的增大，氟浸出率和浸出渣纯度均呈现不同程度的增长，初始碱浓度为1.0mol/L时两者变化趋势均出现拐点，氟浸出率达到90.31%，浸出渣碳含量达到91.96%；初始碱浓度进一步增大，两条曲线的变化趋势出现差异性，氟浸出率较初始碱浓度1.0mol/L时略有下降，而浸出渣含碳量继续小幅增大约0.39%。

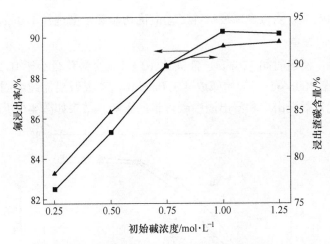

图 4-5 初始碱浓度对废阴极碱浸结果的影响

碱液中氢氧化钠与氧化铝、冰晶石等多种无机盐杂质发生化学反应形成水溶性物质，从而实现铝电解废阴极中炭和无机盐电解质的分离，达到回收较高纯度炭粉的实验目的。当初始碱浓度为 0.25mol/L 时，溶液中氢氧化钠含量较低，没有足够的 OH⁻ 与氧化铝等杂质反应，初始碱浓度的升高意味着溶液中可参与反应的 OH⁻ 含量的增大，相同浸出时间内，较高的反应物浓度有利于杂质浸出率的提高[137]。当初始碱浓度较低时，废阴极中含有的氟化钠可以溶解于溶液中，因此，在初始碱浓度低于 0.5mol/L 时氟浸出率高于浸出渣纯度。选择氢氧化钠溶液浸出提纯废阴极炭，浸出滤液中存在冰晶石与氢氧化钠反应产生的氟化钠，因此，流程最初阶段未选择水浸脱除原料中存在的氟化钠。图 4-5 中显示，初始碱浓度增大到 1.0mol/L 时，氟浸出率和浸出渣碳含量均达到了较高值，说明在此溶液内含有的 OH⁻ 足够与可碱浸脱除的杂质发生反应。继续增大碱浓度，氟浸出率略有下降，这是因为氟化钠在水溶液中的溶解度较低（20℃时，每 100g 水中溶解 4.06g 氟化钠、80℃时，每 100g 水中 4.89g 氟化钠），较高的氢氧化钠含量使得溶液中的 Na⁺ 与 F⁻ 形成氟化钠结晶，降低了浸出液中的 F⁻ 含量，氟浸出率呈下降趋势。有资料[7]表明：碱液中氟化钠与氢氧化钠含量呈相反的变化趋势。溶液中氟化钠晶体含量增高，多孔性物质碳质材料对晶体存在吸附作用[138]，增大了氟化钠晶体再次电离形成离子的困难程度。然而，当初始碱浓度由 1.0mol/L 进一步增大时，碱浸渣中碳含量随之增大，其主要原因是高浓度的氢氧化钠使得可与碱反应的化合物反应更加彻底，且因为 Na⁺ 浓度增大形成的氟化钠结晶在碱浸渣水洗至中性过程中再次溶解于水中与炭粉分离，氟化钠晶体并不对碱浸渣含碳量造成影响。图 4-5 中，在初始碱浓度由 0.25mol/L 增大到 1.0mol/L 时，碱浸渣碳含量由 78.25% 增大到 91.96%，变化趋势明显，证明初始碱浓度对浸出过程影响显著，浸出渣纯度对初始碱浓度敏感。

因此，铝电解废阴极炭碱浸提纯工艺最优初始碱浓度选择 1.0mol/L。

B 温度的影响

实验条件：浸出时间 120min、液固比 10∶1、物料粒径小于 0.147mm（100目）、搅拌速率 400r/min、初始碱浓度 1.0mol/L。考查碱浸提纯废阴极炭实验中不同温度对元素氟浸出率和浸出渣中碳含量的影响，结果如图 4-6 所示。

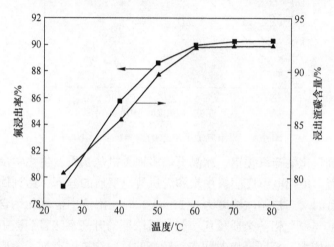

图 4-6 温度对废阴极碱浸结果的影响

图 4-6 中，随着反应温度的升高，废阴极碱浸实验的两个实验指标元素氟浸出率和浸出渣碳含量均呈增大趋势直至拐点的出现。当温度为 25℃时，氟浸出率为 79.27%，浸出渣碳含量为 80.43%；温度升高促进了浸出提纯效率的提高，当反应温度升高到 60℃时，氟浸出率为 89.97%，浸出渣含碳量为 92.26%；温度进一步升高，实验指标的变化趋势趋于平缓。图 4-6 中可以看出，60℃对应的氟浸出率和浸出渣碳含量为两者变化曲线的拐点，反应温度由 60℃升高到 80℃时，氟浸出率增大 0.32%，浸出渣碳含量增大 0.12%。

在温度 25℃时，反应式（4-1）~式（4-5）的吉布斯自由能 ΔG 值均小于零，如图 4-1 所示；与此同时，反应式（4-1）~式（4-5）的化学平衡常数 K 随温度的升高呈下降趋势。热力学结果意味着铝电解废阴极中主要无机盐杂质可以在碱液中发生反应，但温度并不能发挥完全的积极作用。温度的升高，可以有效降低水的表面张力，从 20℃的 1.002×10^{-3} Pa·s 降低到 80℃的 0.357×10^{-3} Pa·s[139]。根据牛顿黏性定律[140]，对于溶液，黏性产生的主要原因是分子间的引力，升高温度和增大搅拌速率都可以有效降低其黏度。溶液温度升高也是促进可溶物溶解的一个重要因素。温度升高导致的溶液黏性下降显著加快了碱溶液出入废阴极孔隙和空洞的速率。废阴极主体为憎水性物质碳质材料，溶液进出孔隙和空洞的速率可以有效提高碳质材料孔隙表层润湿性，改善废阴极碱浸除杂动力学条件。其次，反应温度的升高，可以提高溶液中反应物和生成物水溶性离子的活动度，粒子在溶液中的布朗运动增强；离子活动性的增强导致反应体系中反应物粒子间相撞概率增大，单位时间、单位体积内发生更多的化学反应，有利于杂质溶解反应的进行。离子活动性的增强，使得水溶性反应物离子获得更高的动能，反应物离子突破（见图 4-3）边界层到达固态反应物的速率和数量均得到提高，废阴极碱液浸出过程的动力学条件得到优化，化学反应速率得以加快。高温可以促进化学反应速率的增大，一般来说，温度每升高 10℃，化学反应速率增大约 2 ~ 4 倍[141]。再者，当反应体系中反应物浓度一定时，体系温度的升高，可以使得部分因能量较低不能参与反应的分子越过能量壁垒变成高能量的活化分子，单位体积内活化分子量的增大使得反应体系中粒子间有效碰撞次数增多，有利于化学反应速率的加快。

废阴极氢氧化钠溶液浸出过程中，随着反应温度的升高，反应式（4-1）~式（4-5）的化学平衡常数减小，一定程度上阻碍了反应正方向的进行。但是，温度升高可以促使水溶反应物 OH^- 活动度增强，离子动能和无序性运行增强，使得离子 OH^- 突破氧化铝、冰晶石等杂质外液态边界层到达反应界面的能力增强，且反应物之间有效碰撞概率增大，同时降低了化学反应的能量壁垒[130]。温度影响的大小取决于反应物活化能的大小，活化能的大小是能否越过化学反应能垒的直观体现。温度对废阴极碱浸过程的多种作用导致了杂质浸出率的提高和化学反应速率的增大。温度升高有利于废阴极炭碱浸纯化工艺的进行。

因此，综合考虑图 4-6 中氟浸出率和浸出渣中碳含量的变化趋势，以及实验过程中能量消耗，选择 60℃ 为废阴极碱浸实验最优工艺参数。

C 时间的影响

实验条件：液固比 10∶1、物料粒径小于 0.147mm（100 目）、搅拌速率 400r/min、初始碱浓度 1.0mol/L、温度 60℃。考查碱浸提纯废阴极炭实验中不同浸出时间对元素氟浸出率和浸出渣中碳含量的影响，结果如图 4-7 所示。

由图 4-7 可知，随着浸出时间的延长，铝电解废阴极炭氢氧化钠溶液浸出提纯实验中氟浸出率和浸出渣碳含量均呈先增大后趋于平缓的变化趋势，一定时间内，延长浸出时间可以促进废阴极炭纯化效率的提高。当浸出时间 30min 时，废阴极碱浸过程中氟浸出率为 83.31%，浸出渣中碳含量为 80.54%；延长浸出时间至 90min，氟浸出率和浸出渣碳含量均呈增长趋势，分别增大到 90.26% 和 92.18%；继续延长反应时间，两个实验指标变化曲线趋于平缓，在 120min 和 150min 内氟浸出率分别为 90.29% 和 90.31%，浸出渣碳含量分别为 92.24% 和 92.27%。浸出持续时间 90min 为废阴极炭碱浸提纯工艺中氟浸出率和浸出渣碳含量变化曲线的拐点。

相同实验条件内，延长反应时间一般会发挥积极的作用于实验结果，特别是

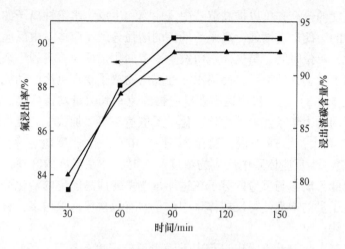

图 4-7　时间对废阴极炭碱浸结果的影响

浸出除杂工艺[142]。铝电解废阴极炭碱浸除杂实验中，主要化学反应式（4-1）~式（4-5）均为生成水溶性化合物的反应，浸出时间的延长有利于这 5 个化学反应向正反应方向进行。实验过程中，当反应时间为 30min 时，过短的浸出时间使得废阴极中可碱浸溶出的杂质没有足够的时间与反应物 OH⁻ 发生化学反应生成水溶性产物，因此浸出渣碳含量较低；在此反应时间内，氟浸出率较高，约 83%，其主要因素为废阴极中含有一部分可水溶性氟化物氟化钠，氟化物溶解于水的速率高于氧化铝、冰晶石等固态反应物与 OH⁻ 的反应速率，且氟化钠溶解过程中释放热量，局部温度升高也有利于氟化物的溶解。随着浸出时间的延长，现有实验条件下，体系中化学反应和溶解反应完成时间增长，使得氟浸出率和浸出渣碳含量随浸出时间的延长而增大。当时间延长到 90min 以上时，由图 4-7 中两条变化曲线可知，氟浸出率和浸出渣碳含量均达到拐点，继续延长反应时间不能显著提高浸出效率。在浸出时间延长到 90min 以上时，废阴极碱浸体系中各反应已达到正逆化学反应平衡，在不改变实验条件的基础上继续延长反应时间并不能改善浸出效果，这可以通过曲线得出。因此，若要追求更优浸出效果，需要寻求其他实验条件的改变或辅助手段的加入[143]。

综上所述，时间在废阴极碱浸实验过程中发挥着重要作用，直至体系内反应达到平衡。选择浸出时间 90min 为废阴极炭碱浸分离纯化过程中最优工艺参数。

D　液固比的影响

实验条件：物料粒径小于 0.147mm（100 目）、搅拌速率 400r/min、初始碱浓度 1.0mol/L、温度 60℃、时间 90min。考查碱浸提纯废阴极炭实验中液固比对元素氟浸出率和浸出渣中碳含量的影响，结果如图 4-8 所示。

由图 4-8 可知，废阴极炭碱浸提纯过程中，液固比的增大可以促进杂质与碳

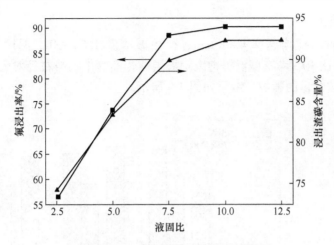

图4-8 液固比对废阴极碱浸结果的影响

质材料的分离，增大氟浸出率和浸出渣碳含量。当液固比为2.5时，氟浸出率为
56.23%，浸出渣碳含量为74.2%；随着液固比的增大，废阴极炭碱浸纯化效果
增强，氟浸出率和浸出渣碳含量均呈增大趋势，两者分别在液固比为10时增大
到90.39%和92.38%；继续增大液固比，氟浸出率和浸出渣碳品位变化趋于平
缓，分别增长0.18%和0.06%，此时液固比为12.5。

铝电解废阴极炭氢氧化钠溶液浸出纯化实验中，当液固比较低时，溶液中的
水分含量低，而碱液中氢氧化钠的浓度固定，因此，碱液中水分和碱含量均不能
满足废阴极中无机盐杂质的溶出。铝电解废阴极中主要物质为石墨和无烟煤，均
为憎水性碳质材料，浸出过程中若无表面改性剂如无水乙醇或聚乙二醇等物质的
加入，需要有更多的水来制备浸出矿浆。实验过程中，当液固比较低时，反应体
系的矿浆呈黏稠状，在当前搅拌速率下不能均匀混合固相与液相，两相间传热、
传质效果差。当液固比为2.5时，溶液中的水分和碱含量较低，废阴极中的氧化
铝、冰晶石等杂质不能完全反应，且废阴极中含有的可溶性氟化物氟化钠因其溶
解度较低（80℃时，每100g溶解4.89g氟化钠）而不能完全溶解，这些实验现
象表现在图4-8中氟浸出率和浸出渣碳含量上，即两者数值均较低。随着液固比
的增大，反应体系中水分含量和溶液中氢氧化钠的含量均增多，溶液中有更多的
水和碱可参与浸出反应。当液固比低于10时，反应（4-3）产物中含有氟化钠，
这会抑制废阴极原料中氟化钠的溶解；当液固比达到10及以上时，反应体系中
的水分含量及碱含量不再是制约废阴极中水溶氟化物溶解和无机盐杂质与碱反应
的实验条件，相反随着液固比增大，溶液中碱量的增大会使得溶液中溶解的 F^-
与 Na^+ 形成氟化钠结晶而降低氟浸出率。前面已经分析过，氟化钠结晶的产生不
会对浸出渣中碳含量产生影响。因此，实验过程中，可以选择液固比10作为最
优工艺参数。

E　粒径的影响

实验条件：搅拌速率 400r/min、初始碱浓度 1.0mol/L、温度 60℃、时间 90min、液固比 10。考查碱浸提纯废阴极炭纯化实验中物料粒径对元素氟浸出率和浸出渣中碳含量的影响，结果如图 4-9 所示。

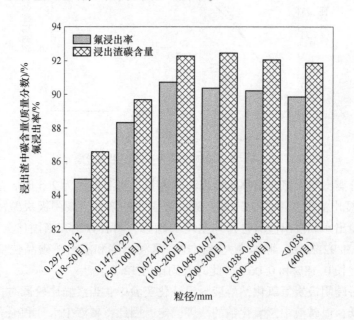

图 4-9　物料粒径对废阴极碱浸结果的影响

由图 4-9 可知，随着物料粒径的减小，废阴极碱浸过程中两个实验指标氟浸出率和浸出渣碳含量均呈现先增大后减小的变化趋势。物料粒径在 0.297～0.912mm 时，氟浸出率和浸出渣碳含量分别为 84.92% 和 86.56%；粒径减小时，氟浸出率在 0.074～0.147mm 粒径区间内达到最大值后随粒径减小而降低，而浸出渣碳含量在 0.048～0.074mm 粒径区间达最大值后随之降低。两个实验指标的变化趋势均为峰形变化。

图 3-16 和图 3-17 分别列出了物料在不同粒径时碳的含量及其真密度变化。碳含量在原料中随粒径的减小呈峰形变化趋势，相似于图 4-9 中氟浸出率和浸出渣碳含量变化趋势；而物料真密度随粒径的减小呈山谷形变化趋势。在第 3 章中分析得出：不同粒径原料中碳含量及其真密度变化趋势是由炭和无机盐杂质硬度、耐磨性不同所致。因此，在图 4-9 中，当原料粒径较大时，原料中含有大颗粒的无机盐杂质，相同浸出时间内，大颗粒无机盐反应物未能与水溶液中的 OH⁻ 完全反应，从而导致实验指标值较低；随着粒径的减小，物料中大颗粒无机盐被破碎，浸出反应动力学条件得到改善，使得氟浸出率和浸出渣碳含量均增大；继

续减低原料粒径，物料中所含的无机盐杂质增多，相同的浸出实验条件下，因固态反应物含量的增大影响了浸出效果。铝电解废阴极炭浸出提纯过程是一个多颗粒多物相体系，在此体系中炭颗粒上存在的裂缝会因为外界物理作用力或溶剂化学侵蚀而向矿块中心延伸发展，而且这种延伸是非直线的。裂缝扩散在大颗粒炭粉中的影响比小颗粒要显著，这是因为前者具有更多的缺陷。固相浸出反应过程中，通常近似为收缩核反应模型，而物料粒径在浸出过程中起重要作用[144]。图4-9 中氟浸出率在粒径 0.074~0.147mm 区间达到最大值，而浸出渣中碳含量在0.048~0.074mm 区间为顶峰，两者略有差异。造成这一实验现象的原因可能是无机盐杂质氧化铝较冰晶石硬度和相对密度大、耐磨性强，较细颗粒的氧化铝需要花费更多的精力在粉磨过程中；图 3-17 表明 0.074~0.147mm 原料真密度较0.048~0.074mm 小，前者氧化铝含量较后者低。原料中不同的化合物含量使得浸出指标存在差异性。

综上所述，考虑到浸出过程氟浸出率和浸出渣碳含量的变化趋势以及废阴极炭块破碎粉磨困难程度，废阴极炭碱浸纯化实验可选择粒径小于 0.147mm（100目）为最优工艺参数。

F 搅拌速率的影响

实验条件：初始碱浓度 1.0mol/L、温度 60℃、时间 90min、液固比 10、物料粒径小于 0.147mm。考查碱浸提纯铝电解废阴极实验中搅拌速率对元素氟浸出率和浸出渣中碳含量的影响，结果如图 4-10 所示。

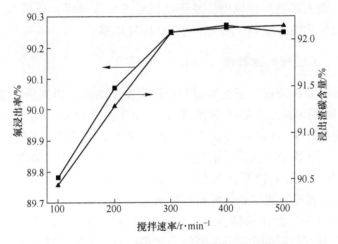

图 4-10 搅拌速率对废阴极碱浸结果的影响

由图 4-10 可知，当搅拌速率为 100r/min 时，废阴极炭碱浸提纯实验中氟浸出率为 89.78%、浸出渣碳含量为 90.44%；随着搅拌速率的增大，氟浸出率和浸出渣碳含量均呈增大趋势，当搅拌速率为 300r/min 时，两者分别增长到 90.25%

和92.08%；进一步增大搅拌速率，实验指标氟浸出率和浸出渣碳含量变化趋势不明显。通过图4-10中两条曲线分析，废阴极炭碱浸提纯过程中搅拌速率对浸出效果的影响较小，这印证了前面正交实验结果。

一般来说，搅拌强度对化学反应速率常数没有影响，因此对化学反应控制的过程速率也没有影响。搅拌强度对扩散速率常数有明显影响，随搅拌强度的增大使扩散层厚度会减小至一最小极限厚度。当搅拌速率较低时，碱浸实验中固体反应物不能被完全搅动，体系中反应物接触效果差，浸出效果不理想。本实验中，当浸出搅拌速率为100r/min时，溶液搅动强度基本实现了料浆中反应物的碰撞接触，因此，实验结果氟浸出率和浸出渣碳含量均处高位。进一步加大搅拌速率，氟浸出率和浸出渣碳含量虽然随之增大，但涨幅较小，其主要原因是搅拌速率的增大一方面提高了溶液中粒子的动能，另一方面削弱了固态反应物表层的液相边界层，两个原因均改善了浸出动力学条件[54]。在低搅拌强度时，搅拌强度对过程速率有明显影响，此时过程受扩散控制。搅拌强度增大到一定值后对过程速率无影响，此时决定速率步骤可能是化学反应，但不能排除扩散过程是决定速率步骤的可能性。实验过程中发现搅拌速率在300r/min时对动力学条件的改善较100r/min时并没有明显改观，因此，其实验指标并没有显著优化。进一步增大搅拌速率，实验过程中可发现搅拌速率在300r/min及以上时溶液中心会形成较大的漩涡，浸出体系中粒子和水因惯性而转动，其布朗运动和粒子活动度并没有继续增强。搅拌速率过大并不能促进废阴极碱浸提纯效果，相反会增大实验过程能量消耗、增大实验操作风险。基于能耗和安全性考虑，选择300r/min为铝电解废阴极氢氧化钠溶液碱浸除杂工艺最优搅拌速率。

4.2.2.3　工艺稳定性验证

根据废阴极炭碱浸提纯正交实验和单因素实验结果，得到最优工艺参数有：温度60℃、时间90min、初始碱浓度1.0mol/L、液固比10、物料粒径小于0.147mm、搅拌速率300r/min。为了验证所得最优条件下浸出工艺的稳定性，选择最优参数进行3次重复实验，通过标准差反映所得结果的离散度。重复实验结果如图4-11所示。图4-12所示为最优实验条件下所得浸出渣的XRD图，表4-5和表4-6分别为碱浸渣的工业分析和XRF元素分析结果。

由图4-11可知，浸出渣碳含量标准差为0.187，表明3次实验结果分散度集中，优化工艺具有较好的稳定性，所得最优参数可信度高。碱浸渣工业分析和元素分析结果表明废阴极经碱浸除杂后碳含量升高。分析对比图4-12中浸出渣和图3-11原料的XRD图，不难发现，铝电解废阴极炭经氢氧化钠溶液碱浸提纯后实现了部分无机盐杂质如氧化铝、冰晶石、氢氧化铝等物质与碳质材料的分离。

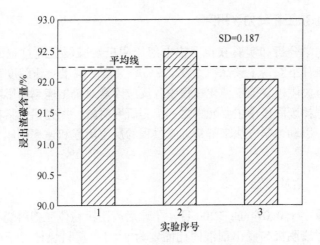

图 4-11 最优条件下碱浸重复实验

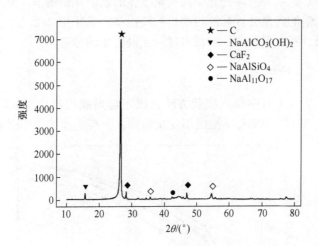

图 4-12 碱浸渣 XRD 图

表 4-5 碱浸渣工业分析 （%）

组　分	水　分	固定碳含量	挥发分	灰　分
含量	0.22	91.85	0.16	7.77

表 4-6 碱浸渣元素分析 （%）

元素	C*	F	Na	Al	O	Si	Ca	K	Fe	其他
含量	92.23	1.24	0.68	1.15	1.28	0.67	0.96	0.26	0.36	1.17

注：C* 包含固定碳、水分、挥发分 3 部分含量之和。

4.2.3　碱浸除杂工艺动力学研究

通过热力学分析和实验获得了铝电解废阴极炭碱浸提纯过程的最优工艺条件，并在此条件下获得了碳品位为92.23%的炭粉。碱浸炭粉纯度存在进一步提升的空间，且废阴极炭碱浸纯化过程中各反应因素对浸出速率的影响尚未得到解释。因此，选择废阴极中主要元素之一铝为研究对象，探究铝元素在碱浸过程中的提取效率，以动力学方法来解释碱浸过程的反应历程和速率问题，在此过程中寻求优化思路。

4.2.3.1　实验方法

将一定量小于0.074mm（200目）干燥后废阴极粉体在塑料烧杯中与氢氧化钠溶液混合，废阴极与浸出剂液固比固定为8:1，塑料烧杯置于电磁搅拌恒温水浴锅中，搅拌速率固定为300r/min；升温至预定时间后开始计时，每间隔15min抽取1mL矿浆并立即补充相同初始浓度的氢氧化钠溶液1mL。检测分析抽取矿浆中元素铝的含量并计算原料中铝的浸出率。基于第4.2.2.1节中碱浸过程正交实验结果，考查温度、初始碱浓度对铝浸出率的影响。

4.2.3.2　实验结果

根据第4.2.3.1节中所列实验方法，固定初始碱浓度为1mol/L，分别考查293K、313K、333K、353K下浸出率变化趋势，所得实验结果如图4-13所示。

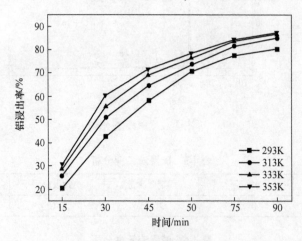

图4-13　温度对铝浸出率的影响

根据第4.2.3.1节中所列实验方法，固定反应温度为60℃，分别考查初始碱浓度0.25mol/L、0.50mol/L、0.75mol/L、1.00mol/L条件下浸出率变化趋势，所得实验结果如图4-14所示。

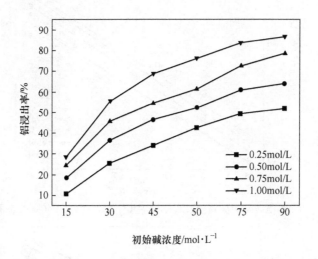

图 4-14 初始碱浓度对铝浸出率的影响

铝电解废阴极在氢氧化钠溶液中浸出除杂过程可看作无气相反应产物生成的液固多相反应，化学反应发生在液-固两相间的界面。对于多数液-固反应，常用的动力学模型为收缩未反应核模型[145]。实验过程中，氢氧化钠溶液浸出铝的动力学过程分为三步：（1）反应剂氢氧化钠通过边界层膜由主体溶液向铝化合物表层扩散；（2）氢氧化钠与铝化合物发生反应；（3）生成的偏铝酸钠通过边界层液膜向主体溶液扩散。浸出过程中铝的浸出率取决于三个环节中最慢的环节，即浸出反应的控制步骤。

根据图 4-13 和图 4-14 中的实验结果，基于收缩核模型动力学方程式（4-23）和式（4-26）进行铝电解废阴极碱浸提取铝的实验数据处理，所得结果如图 4-15～图 4-18 所示。

由图 4-15～图 4-18 可知，利用收缩未反应核模型处理废阴极碱浸提铝的实验数据，化学控制模型和扩散控制模型处理后的实验数据均明显不具备线性关系，拟合所得线性方程未能通过原点。导致这种计算结果的可能原因主要有废阴极粉体是非几何球体，是不规则颗粒；炭粉表面不是光滑的平面或曲面，而是粗糙有皱褶的；颗粒中有长度深浅不一的裂缝、孔穴等。收缩核模型的基础是将反应物废阴极炭粉颗粒假设为近似球形几何体，以浸出过程的固体膜层扩散控制和表面化学反应控制模型来评估实验数据。浸出曲线不符合收缩核反应模型，模型不足以阐述废阴极碱浸提铝过程，需要寻求新的动力学模型进一步探析浸出过程。

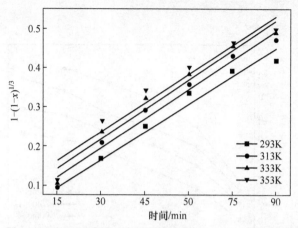

图 4-15 废阴极碱浸过程不同温度下的 $1-(1-x)^{1/3}-t$ 关系图

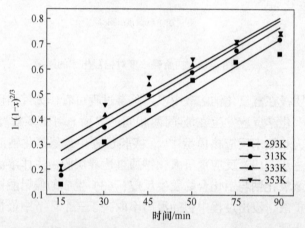

图 4-16 废阴极碱浸过程不同温度下的 $1-(1-x)^{2/3}-t$ 关系图

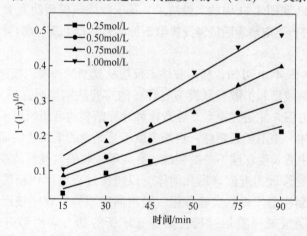

图 4-17 废阴极碱浸过程不同初始碱浓度下的 $1-(1-x)^{1/3}-t$ 关系图

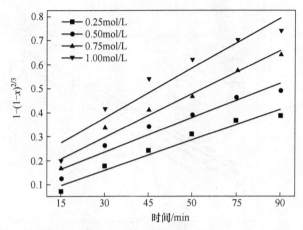

图 4-18 废阴极碱浸过程不同初始碱浓度下的 $1-(1-x)^{2/3}-t$ 关系图

4.2.3.3 动力学模型确立

Avrami 方程[146~148]是矿物浸出过程应用较为广泛的反应动力学模型，该模型不需要考虑浸出过程中参与反应的固体颗粒的形态以及浸出剂的状态，仅与实验条件变化有关。模型动力学方程为：

$$-\ln(1-x) = kt^n \tag{4-28}$$
$$k = k_0 c^N \exp(-E_a/RT) \tag{4-29}$$

式中，x 为铝浸出率，%；k 为浸出反应速率常数，min^{-1}；t 为浸出时间，min；n 为晶粒常数；k_0 为指前因子；N 为反应级数；c 为浸出剂浓度，mol/L；E_a 为反应活化能，J/mol；R 为气体常数，8.314J/(mol·K)；T 为反应热力学温度，K。

晶粒常数 n 为矿物晶粒性质和几何形状的参数。研究[149]表明，当 $n \geq 1$ 时，浸出过程为初始反应速率极大且反应速率随时间延长而减小的浸出类型；当 $n=1$ 时，为化学反应控制类浸出过程；当 $0.5 \leq n < 1$ 时，为扩散控制和化学反应控制混合控制类型的浸出过程；当 $n < 0.5$ 时，浸出过程为扩散控制类型。

4.2.3.4 动力学模型参数的确定

A 晶粒参数的确定

将图 4-13 和图 4-14 中废阴极碱浸提铝的实验数据代入式（4-28）和式（4-29）中，以 $\ln[-\ln(1-x)]$ 对 $\ln t$ 作图，结果如图 4-19 和图 4-20 所示。对图 4-19 和图 4-20 中数据进行线性回归拟合，拟合结果见表 4-7 和表 4-8。一般而言，不同温度和不同浸出剂浓度下的浸出动力学曲线为直线，如图 4-15~图 4-18 中所示，其线性相关系数 R^2 值接近 1，实验原料废阴极中杂质成分较为复杂、可碱浸铝化合物种类繁多，多相反应过程与动力学既有的模型吻合度略差，导致了浸出动力学曲线未能通过原点、拟合方程 R^2 值略低。

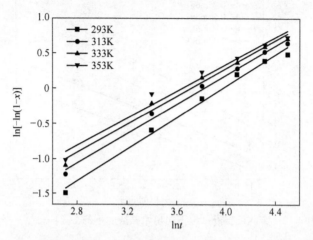

图 4-19 废阴极碱浸过程不同温度下的 $\ln[-\ln(1-x)]$-$\ln t$ 关系图

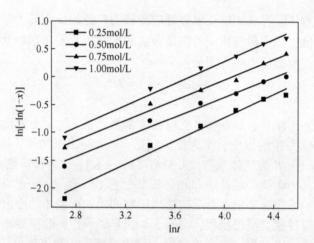

图 4-20 废阴极碱浸过程不同初始碱浓度下的 $\ln[-\ln(1-x)]$-$\ln t$ 关系图

表 4-7 废阴极碱浸过程不同温度下的 $\ln[-\ln(1-x)]$-$\ln t$ 拟合结果

T/K	回 归 方 程	相关系数 R^2
293	$\ln[-\ln(1-x)] = 1.12176\ln t - 4.45692$	0.9892
313	$\ln[-\ln(1-x)] = 1.0413\ln t - 3.97815$	0.99125
333	$\ln[-\ln(1-x)] = 0.99609\ln t - 3.70212$	0.98414
353	$\ln[-\ln(1-x)] = 0.95719\ln t - 3.49244$	0.96633

表 4-8 废阴极炭碱浸过程不同初始碱浓度下的 $\ln[-\ln(1-x)]-\ln t$ 拟合结果

$c/\text{mol} \cdot \text{L}^{-1}$	回 归 方 程	相关系数 R^2
0.25	$\ln[-\ln(1-x)] = 1.05276\ln t - 4.93748$	0.97769
0.50	$\ln[-\ln(1-x)] = 0.89385\ln t - 3.93413$	0.97958
0.75	$\ln[-\ln(1-x)] = 0.91605\ln t - 3.71234$	0.98434
1.00	$\ln[-\ln(1-x)] = 0.99609\ln t - 3.70212$	0.98414

表 4-7 和表 4-8 中 8 个回归方程的斜率的平均值即为铝电解废阴极碱浸提铝过程的晶粒常数，计算得 $n = 0.99689$。因为 $0.5 \leqslant n < 1$，表明废阴极氢氧化钠溶液浸出提铝过程受界面化学反应控制和扩散控制两者的混合控制；但 $n \approx 1$，说明浸出过程基本可看作界面化学反应控制。

B 表观活化能和指前因子的确定

将所确定的 n 值和图 4-13 中不同温度下废阴极碱浸提铝实验数据代入式(4-28)和式 (4-29) 中，以 $-\ln(1-x)$ 为纵坐标、t^n 为横坐标作图，结果如图 4-21 所示。对图 4-21 中数据进行线性回归分析，所得回归方程的斜率即为对应反应温度下的反应速率常数 k。拟合回归方程见表 4-9。温度影响的大小取决于活化能的大小，因此求反应活化能是反应动力学研究的重要内容。

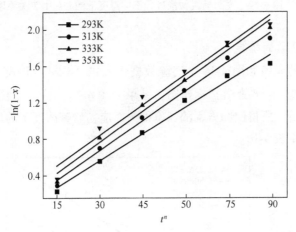

图 4-21 废阴极炭碱浸过程不同温度下的 $-\ln(1-x)-t^n$ 关系图

表 4-9 废阴极炭碱浸过程不同温度下的 $\ln[-\ln(1-x)]-\ln t$ 拟合结果

T/K	回 归 方 程	相关系数 R^2
293	$-\ln(1-x) = 0.01962t^n + 0.02006$	0.98201
313	$-\ln(1-x) = 0.02188t^n + 0.03858$	0.9927
333	$-\ln(1-x) = 0.02274t^n + 0.08847$	0.98447
353	$-\ln(1-x) = 0.02239t^n + 0.17182$	0.9681

以所得 k 值核对应的反应温度代入式（4-28），以 $\ln k$ 为纵坐标、$1/T$ 为横坐标作图，结果如图 4-22 所示。对图 4-22 中数据进行线性回归拟合，通过回归方程的斜率和常数项，可求得废阴极炭碱浸提铝过程的表观活化能 $E_a=$31. 71kJ/mol，指前因子 $k_0=8038.84$。

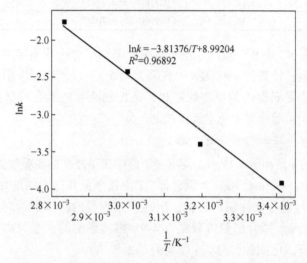

图 4-22　废阴极炭碱浸过程不同温度下的 $\ln k$-$1/T$ 关系图

C　反应级数的确定

将所确定的 n 值和图 4-16 中实验数据代入式（4-28）和式（4-29）中，以 $-\ln(1-x)$ 为纵坐标、t^n 为横坐标作图，结果如图 4-23 所示。对图 4-23 中数据进行线性回归分析，所得回归方程的斜率即为对应初始碱浓度下的反应速率常数 k，拟合回归方程见表 4-10。

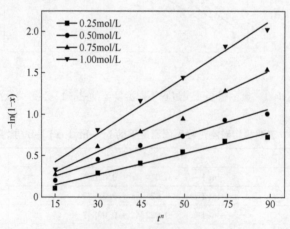

图 4-23　废阴极炭碱浸过程不同初始碱浓度下的 $-\ln(1-x)$-t^n 关系图

表 4-10　废阴极炭碱浸过程不同初始碱浓度下的 $\ln[-\ln(1-x)]-\ln t$ 拟合结果

$c/\text{mol} \cdot \text{L}^{-1}$	回　归　方　程	相关系数 R^2
0.25	$-\ln(1-x) = 0.00851t^n + 0.02293$	0.97522
0.50	$-\ln(1-x) = 0.01089t^n + 0.04896$	0.97356
0.75	$-\ln(1-x) = 0.01641t^n + 0.06012$	0.98432
1.00	$-\ln(1-x) = 0.02274t^n + 0.08847$	0.98447

将 k 值、E_a 值和初始碱浓度代入式（4-28）和式（4-29）中，以 $\ln k$ 为纵坐标、$\ln c$ 为横坐标作图，结果如图 4-24 所示。对图 4-24 中数据进行线性回归分析，所得回归方程的斜率即为浸出过程的反应级数，$n = 0.93641$。

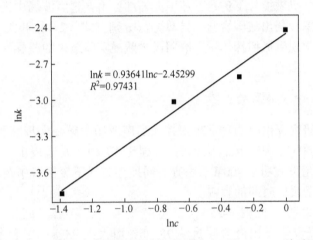

图 4-24　废阴极炭碱浸过程不同初始碱浓度下的 $\ln k-\ln c$ 关系图

4.2.3.5　浸出动力学方程

将所得的浸出动力学模型参数代入式（4-28）和式（4-29）中，即可得到铝电解废阴极碱浸提铝过程的宏观动力学方程，方程为：

$$-\ln(1-x) = 8038.84\exp(-3.171 \times 104/RT)c^{0.93641}t^{0.99689} \tag{4-30}$$

由动力学方程可知，废阴极碱浸提铝过程中，浸出反应表观活化能为 31.71kJ/mol，小于 40kJ/mol，表明浸出过程反应速率快；浸出过程中晶粒常数 $n = 0.99689$，浸出过程受界面化学反应控制和扩散控制两者的混合控制；但 $n \approx 1$，说明浸出过程基本可看作界面化学反应控制。因此强化界面化学反应（如提高反应温度、增大浸出剂初始浓度、减小矿粒粒径等）能够更有效地提高废阴极中铝的碱浸提取效果。浸出动力学计算研究过程和动力学方程为铝电解废阴极碱浸除杂优化方向提供了理论基础。

4.3 超声波辅助碱浸除杂工艺优化

铝电解废阴极炭经氢氧化钠溶液浸出脱除无机盐杂质实现了碳质材料的回收，可碱浸处理后所得的炭粉纯度并没有达到理想状态，需要进一步纯化处理。铝电解废阴极碱浸提纯工艺优化方法，基于碱浸提铝动力学分析结果，可以选择相应辅助手段对碱浸过程进行强化处理。超声波辅助浸出是当前湿法冶金分离提纯工艺中一种常见的辅助手段。

4.3.1 超声波对碱浸工艺的影响研究

超声波辅助浸出过程与常规碱浸实验过程相同，唯一区别为：常规浸出在电磁搅拌水浴锅中机械搅拌下进行，超声波辅助浸出在超声波场中进行。实验指标为元素氟浸出率和浸出渣碳含量，计算方法分别见式（2-1）和式（2-2）。对比超声波辅助和常规机械搅拌作用下废阴极炭碱浸实验结果的差异性，考查不同实验因素对结果的影响。

4.3.1.1 时间的影响

通过实验研究浸出时间对常规搅拌及超声波场中碱浸处理废阴极炭的影响。选择浸出温度 60℃、初始碱料比 0.6、液固比 10∶1，常规浸出工艺机械搅拌速率 300r/min、超声波功率 400W。考查不同搅拌方式下废阴极中杂质浸出率和浸出渣中碳含量受反应时间的影响。

实验结果表明（见图 4-25），在超声波场中，浸出时间从 10min 延长到 40min 时废阴极炭块浸出渣含碳量从 78.26% 增大到 93.87%；继续延长浸出时间，浸出渣含碳量变化不大，延长时间 20min 浸出渣含碳量仅增长了 0.03%。作为对比，常规浸出工艺中，浸出 10min 和 30min 浸出渣含碳量分别为 73.66% 和 80.54%，远小于相同浸出时间内超声波辅助浸出效果；常规浸出方法在 90min 达到拐点，此时浸出渣碳含量为 92.18%，比超声波场中拐点处处理结果小了 1.69%。拐点后浸出渣含碳量变化曲线趋于平缓，浸出时间的延长并不能有效地提高浸出渣中碳含量。图中，超声波辅助浸出和常规碱浸过程中氟浸出率呈现先随浸出时间的延长增大，出现拐点后曲线趋于平缓的变化趋势。超声波辅助浸出过程中氟浸出率从 10min 时的 75.68% 增大到拐点 30min 时的 91.39%，继续延长浸出时间氟浸出率增幅很小，仅有 0.09%。常规浸出过程中氟浸出率从反应时间 10min 时的 72.06% 增长到拐点 90min 对应的 90.26% 后基本不发生大的变化，说明 90min 可以实现现有反应条件下氟的最大程度溶出。图 4-25 中，常规浸出过程中氟浸出率和浸出渣碳含量变化曲线均在 90min 出现拐点，而超声波辅助浸出过程两条曲线拐点不同，分别为 30min 和 40min，这是因为超声波辅助浸出过程中在超声波震荡和空化效应作用下，原料中可溶氟可以快速地分散在溶液中实现溶解，其他杂质延缓了浸出终点的到达；常规浸出过程中时间跨度较大，为30min，可能掩盖了氟浸出率和浸出渣含碳量到达拐点时间的微小差异。

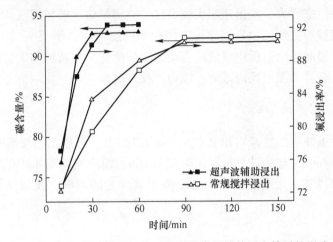

图 4-25　时间对废阴极超声波辅助和常规搅拌浸出结果的影响

从图 4-25 中可以明显看出，超声波辅助浸出可以大幅缩短浸出时间，并且浸出效果较佳。常规浸出和超声波辅助浸出最优时间分别选择 40min 和 90min。

超声波辅助浸出已经应用于多种湿法回收工艺中，空化气泡中间会产生接近5000K 的高温，压力超过 50MPa，加热和冷却速率大于 10^9K/s，从而引发许多力学、热学、化学等效应[143]。超声波特有的空化效应和力学性能，使得待处理固体物质在局部高温和高速震荡过程中熔化、解体，提高了固体颗粒在溶液中的弥散程度。超声波辅助浸出过程中对固体颗粒作用示意图如图 4-26 所示。实验过

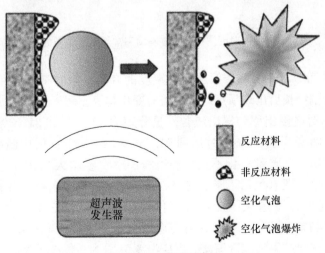

图 4-26　超声波示意图

程中，废阴极炭块中粘连、镶嵌、包裹的电解质杂质在超声波场中与炭基体更迅速、更彻底地脱离，使得固体物质颗粒粒径减小、比表面积增大，可反应杂质与溶液中碱接触概率增大，浸出速率大幅提高。空穴效应和机械震荡作用还可以减小液固反应接触面之间的边界层厚度，优化溶液反应动力学[150]，增大反应扩散速率。超声波辅助浸出过程中溶液反应动力学的优化，有效提高了铝电解废阴极炭块中无机盐杂质的浸出反应效率，缩短了反应时间。

4.3.1.2　温度的影响

选择实验条件：初始碱料比 0.6、液固比 10∶1、常规工艺浸出时间 90min、搅拌速率 300r/min、超声波辅助浸出时间 40min、超声波功率 400W，进行实验。研究温度对物料中氟元素浸出率和浸出渣中碳含量的影响，实验结果如图 4-27 所示。

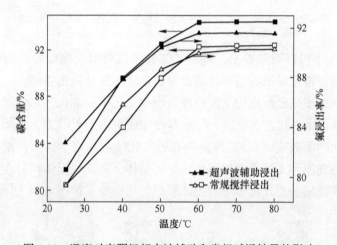

图 4-27　温度对废阴极超声波辅助和常规碱浸结果的影响

从图 4-27 可以看出，随着浸出反应温度的升高，氟的浸出率和浸出渣含碳量均呈现先急剧增长后出现拐点趋于平缓的变化趋势。超声波辅助处理过程中反应温度为 25℃时氟浸出率和浸出渣含碳量分别为 82.71% 和 81.73%，随着反应温度的升高，两者分别在 60℃ 时达到 91.55% 和 94.38%；反应温度继续升高，氟浸出率和浸出渣含碳量变化不大，浸出渣中碳含量增大 0.05%，此时温度为80℃，氟浸出率呈现 70℃后下降的趋势。常规浸出过程中，氟浸出率和浸出渣中碳含量均呈现先急剧增大，拐点后变化较小的趋势，在 25℃时两者分别为79.27% 和 80.43%，拐点温度为 70℃时两者分别为 90.26% 和 92.35%。可以得出，综合考虑实验结果和能量消耗，反应温度 70℃ 为最优技术参数。

根据前文中热力学数据计算可知，废阴极碱浸过程中主要化学方程式 (4-1)~式 (4-5) 的 ΔG 在 $0 \sim 100℃$ 之间均远小于零，5 个反应可以自发进行。图 4-27 中，当温度小于 $60℃$ 时，升高温度有利于废阴极炭块中电解质的溶出；温度继续升高导致了羟基铝氟化合物的产生，Diego F. Lisbona[66] 指出在 $60℃$ 以上时温度升高促进了沉淀 $AlF_2(OH)_5$ 的产生。但本样品中 Al 元素含量较低，产生的 $AlF_2(OH)_5$ 沉淀少，浸出剩余物中碳含量影响小。氧化铝、冰晶石、氢氧化铝等杂质与碱反应的最终产物均为 $NaAl(OH)_4$，3 个反应为竞争反应；温度升高后，反应平衡常数 K 值相应增大，反应进行更彻底，在此反应体系内可水溶氟化物溶出率增大到一定程度后对铝化合物的溶出的限制竞争作用逐渐减弱，使得氟溶出率变化曲线相比于浸出渣含碳量变化曲线更快的到达峰值。冰晶石在碱溶液中为分步水解反应过程，各步反应的溶度积 K_{sp} 随着温度的升高而增大，使得冰晶石随着温度升高反应溶解量增大，从而提高了氟浸出率和浸出渣含碳量。

图 4-27 中，超声波辅助浸出的碳含量和氟浸出率优于常规处理方法，且在低温阶段 $30 \sim 60℃$ 表现更为明显。主要原因是超声波热效应可以提高溶液温度，溶液温度的提高增大了分子动能；空穴效应和机械效应使得粒子震荡加剧，分子间作用力减小，溶液黏度降低。Zhang 等人[126] 指出：扩散速率与粒度、浸出剂浓度、反应温度、扩散边界层厚度以及溶液黏度有关。

扩散边界层扩散速率公式为[141]：

$$\mathrm{d}n/\mathrm{d}t = -A(c - c_s)D/\Delta x \tag{4-31}$$

式中，A 为固体表面积，m^2；Δx 为边界层厚度，m；c 为 B 的本体浓度，mol/L；c_s 为反应物 B 在固体反应物 A 界面处的浓度，mol/L。

令 $D/\Delta x = k_d$，称为扩散速率常数（其中，D 为扩散系数，m^2/s），与物质本性、溶液温度、浓度、溶剂性质等有关。

溶液温度升高是促进可溶物溶解的一个重要因素。同时，根据牛顿黏性定律可知，温度升高可以有效降低溶液的黏度。根据菲克第一定律，随着温度升高，一方面质点的热运动加快，另一方面溶体的黏度降低也有利于质点的运动，使溶体组分的扩散系数增大、扩散速率常数增大。超声波空化气泡可产生局部高温，提高了浸出溶液的温度。实验过程中，两种方法碱浸处理后的剩余渣中固定碳含量分别为 94.43% 和 92.38%，说明超声波特有的空化效应和机械效应协同作用下可以实现常规条件湿法冶金体系中难发生的反应过程，超声波辅助条件下浸出处理废阴极炭块更加有利于杂质的溶出。

4.3.1.3 初始碱料比的影响

选择温度 $70℃$、液固比 $10:1$ 进行超声波辅助浸出和常规浸出处理废阴极炭对比实验。常规工艺浸出时间 90min、搅拌速率 300r/min，超声波辅助工艺浸出时间 40min、超声波功率 400W。考查初始碱料比对浸出结果的影响，浸出实验结果如图 4-28 所示。

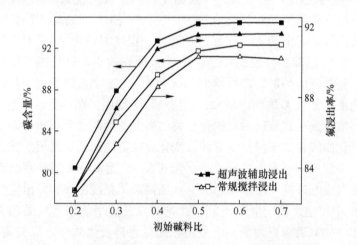

图 4-28　初始碱料比对废阴极超声波辅助和常规碱浸结果的影响

由图 4-28 可知，初始碱料比在 0.2~0.5 范围内，氟浸出率和碱浸渣含碳量均随着碱料比的增大而增大，两者在超声波辅助浸出过程分别从初始碱料比 0.2 时的 82.75% 和 80.39% 增长到 0.5 时的 91.52% 和 94.42%，在常规浸出过程中从 0.2 时的 82.49% 和 78.25% 增长到 0.5 时的 90.31% 和 91.76%，说明在此区间内溶液中含有的氢氧化钠与氧化铝、氢氧化铝、冰晶石等物质充分反应，碱量的增大有效提高了废阴极炭粉中含有的无机杂质的反应效率；初始碱料比在 0.5~0.7 时，超声波辅助浸出过程氟浸出率和浸出渣中碳含量均不发生大的变化，常规碱浸过程的氟浸出率略有下降，浸出渣碳含量尚有一定程度地增长，从 0.5 时的 91.76% 增大到 92.35%。冰晶石与氢氧化钠之间的反应是一系列水解反应，相较于氧化铝和氢氧化铝与氢氧化钠之间的反应，式（4-3）反应速率较慢，达到化学平衡时间长。初始碱料比继续增大，在 0.5~0.6 区间时，氟浸出率和浸出渣含碳量变化曲线趋于平缓。因此选择 0.6 作为最优初始碱料比。

相比于常规浸出方法，超声波辅助浸出在更低的初始碱料比条件下即达到了氟浸出率和浸出渣含碳量变化曲线的峰值，说明在超声波空穴效应和机械震荡作用下，废阴极炭块中无机电解质更彻底地与碳质材料分离，并在溶液中更好地弥散。超声波作用还使得炭粉粒径减小，重力的影响逐渐减弱，布朗运动逐渐增强，从而使矿浆的稳定性提高，溶液中固体颗粒分散度高，更有利于与碱发生反应。

4.3.1.4 液固比的影响

选择实验条件：温度70℃、初始碱料比0.6、常规工艺浸出时间90min、搅拌速率300r/min，超声波辅助浸出时间40min、超声波功率400W，进行超声波辅助浸出和常规浸出处理废阴极炭对比实验。考查液固比对浸出结果的影响，浸出实验结果如图4-29所示。

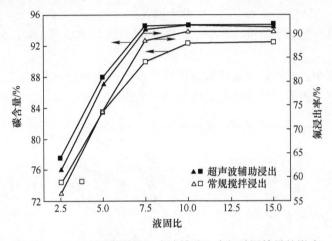

图4-29　液固比对废阴极超声波辅助和常规碱浸结果的影响

由图4-29可以看出，随着液固比的增大，当液固比小于7.5时碱浸过程中氟浸出率和浸出渣中碳含量均呈现上升趋势；当液固比增大到7.5以上时，超声波辅助浸出过程中氟浸出率和浸出渣中碳含量变化不明显，说明液固比7.5为超声波辅助浸出过程的拐点，与之形成对比的是，常规碱浸过程中氟浸出率和浸出渣碳含量在液固比7.5~10有小幅度的增长，液固比10为常规碱浸的拐点。拐点不同的原因是超声波特有的空化效应和机械振动作用使得废阴极中粘连吸附的无机杂质更好地与炭基分离并分散在溶液中，可溶无机杂质在碱溶液中的分散度更加均匀，反应动力学更好，使得浸出过程氟浸出率和浸出渣中碳含量在相对较低的液固比达到了平衡，超声辅助浸出实验更容易完成。

在液固比小于7.5时，超声辅助浸出和常规浸出过程中氟浸出率变化趋势相同，近似于一条直线，前文已经分析得出：溶液中水量过少而不能完全溶解废阴极中的可溶氟化物，此时氟浸出率主要受制于溶液中水的含量，氟浸出率变化曲线在液固比2.5~5的斜率比在5~7.5的斜率更多，说明了在此区间内溶液中水的含量决定了氟的浸出率。液固比继续增大到7.5后，溶液中水分足以溶解SCC中的可水溶氟化物，氟浸出率变化曲线斜率减小。

综合考虑超声波辅助浸出和常规碱浸过程液固比对浸出结果的影响，选择液固比10∶1作为最优技术参数。

4.3.1.5　超声波功率的影响

选择实验条件：温度 70℃、初始碱料比 0.6、超声波辅助浸出时间 40min、液固比 10∶1，进行超声波辅助浸出实验。考查超声波功率密度对碱浸处理废阴极炭过程氟元素浸出率和浸出渣含碳量的影响。

超声波两个重要参数之一功率密度公式为：

$$P = W/S \tag{4-32}$$

式中，P 为超声波功率密度，W/cm^2；W 为超声波发射功率，W；S 为超声波发射面积，cm^2。

实验过程中，实验设备超声波清洗器和反应器塑料烧杯尺寸均为恒量，可以以发射功率来直观表示功率密度对实验结果的影响，其结果如图 4-30 所示。

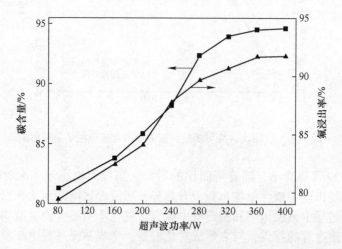

图 4-30　超声波功率的影响

随着超声波发射功率的增大，氟浸出率从 79.35%增大到 91.67%后增长缓慢，浸出渣碳含量从 81.26%增大到 94.54%后趋于平缓，两条曲线出现拐点所对应的超声波发射功率均为 360W。综合实验结果，可以选择 400W 作为最优超声波功率。超声波场中空化强度随着超声波功率的增大而增强。当超声波功率低于200W 时，功率密度低，产生的机械效应和空穴效应较小[124]，难以实现对废阴极炭粉表面无机杂质的剥离和清洗，在此条件下超声波对浸出实验的影响因为功率过小未体现超声波辅助浸出的优势。当超声波功率在 200~280W 时，氟浸出率和浸出渣中碳含量均呈现急剧增长，浸出效果随着超声波功率的增大而改善，这是因为在此功率区间内，超声波产生的空穴效应开始有效作用于废阴极炭颗粒上，空化强度足以对粘连的无机电解质产生剥离效果，使得颗粒分散性更好，反应动力学改善。在 360W 以上后，溶液中产生了足够多的空穴效应、小气泡和机械震荡作用，浸出效果达到最优。

综上所述，超声波辅助和常规机械搅拌碱浸处理废阴极炭分离无机盐杂质实验的最优工艺参数为：温度70℃、时间分别为40min和90min、初始碱料比0.6、液固比10：1、超声波功率400W、机械搅拌速率300r/min。

4.3.2 超声波辅助碱浸工艺优化实验结果

在最优工艺参数下分别进行超波辅助和机械搅拌碱浸纯化废阴极实验，所得浸出渣进行物理性能分析、XRD物相分析、SEM形貌分析，结果见表4-11和图4-31、图4-32。

表4-11 不同物料物理性质分析

编号	物 料	碳含量/%	真密度/$g \cdot cm^{-3}$	比表面积/$m^2 \cdot g^{-1}$
A	原料	64.93	2.3867	7.73
B	常规碱浸渣	92.53	2.4083	10.63
C	超声波辅助碱浸渣	94.72	2.4479	11.47

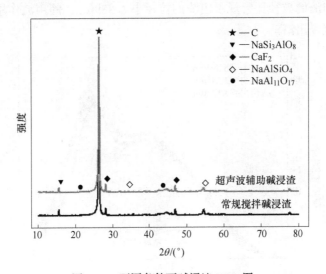

图4-31 不同条件下碱浸渣 XRD 图

在最佳工艺条件下，对超声波辅助碱浸渣与常规机械搅拌碱浸渣的性能进行了比较，结果表明，超声波辅助浸出渣的碳含量为94.72%，比常规碱浸渣的碳含量高出2.19%，而其真密度和比表面积也大于后者的真密度和比表面积。图4-31中，超声波辅助浸出渣和常规浸出渣的两种XRD图谱差别不大。这种现象是因为两种炭渣中杂质相种类几乎相同，碳含量相差只有2.19%。图4-32中可以看出，超声波辅助浸出渣表面较常规浸出渣光滑，这是超声波对固体颗粒表层的清

(a)　　　　　　　　　　　　　　　　　　(b)

图 4-32　不同条件下碱浸渣 SEM 图
(a) 超声波辅助碱浸渣；(b) 常规碱浸渣

洗作用结果[122]；超声波空化效应和微射流不仅可以清洗固体反应物表层使之光滑，也可以使固体颗粒破碎为更微小的颗粒。图 4-33 所示为浸出渣粒径图，超声波辅助浸出渣的粒径比常规浸出渣的粒径小 2.989μm，超声波作用下浸出渣的性质优于传统浸出渣。

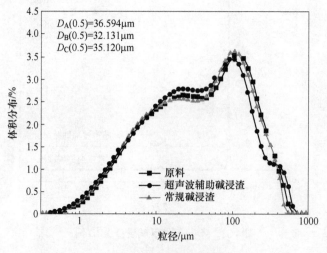

图 4-33　浸出渣粒径图

4.4　废阴极炭酸浸除杂工艺研究

　　铝电解槽废阴极炭经过氢氧化钠碱液浸出提纯后，其中含有的杂质如氧化铝、冰晶石、氢氧化铝等可与碱液发生反应的杂质被除去，氮化铝、碳化铝等可溶于水的杂质也被除去，剩余物质如图 4-31 中碱浸渣 XRD 图所示，图 4-34 所示为碱浸渣经 800℃ 保温 4h 燃烧脱炭后灰分的 XRD。由图 4-34 可知，经碱浸处理后的废阴极炭粉中含有的主要杂质有 CaF_2、$NaAl_{11}O_{17}$、$NaAlSiO_4$、$CaSiO_4$ 以及未名钙铝氧化物等。本节采用盐酸浸出的方法，将未被除去的杂质进行二次处理，使得铝电解废阴极炭粉经过酸碱联合浸出后，纯度进一步提高[143]。

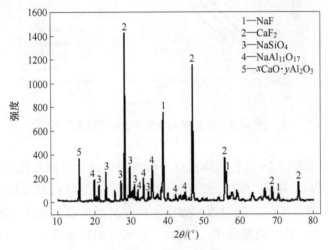

图 4-34　碱浸渣灰分 XRD 图

4.4.1　实验过程

取一定量干燥后的碱浸渣放入锥形瓶中，加盐酸溶液浸出，酸浸处理后过滤干燥，采用高温烧灰法测量含碳量，碳含量计算方法见式（2-1）。基于碱浸工艺超声波辅助优化的实验结果，酸浸实验选择在超声波场中进行，分别考查温度、时间、液固比、初始酸浓度、超声波功率等因素对酸浸渣中碳含量的影响。

4.4.2　实验结果与讨论

4.4.2.1　温度-时间实验结果

将 10g 碱浸料放入锥形瓶中，加入浓度为 4mol/L 的盐酸溶液浸出除杂，保持液固比为 5，超声波功率 400W；在 10min、20min、30min、40min、50min、60min 条件下反应，考查不同反应温度对酸浸结果的影响。洗涤过滤后，烘干滤饼，烧灰分析检测滤饼中的碳含量，实验结果如图 4-35 所示。

由图 4-35 可知，当碱浸渣在盐酸溶液中被进一步纯化时，无机杂质与酸反应，并随着时间的推移逐渐溶解于溶液中。杂质与酸反应的原理由式（4-8）~式

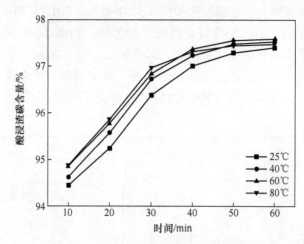

图 4-35　温度-时间对酸浸渣中碳含量的影响

(4-14) 表示。从图 4-35 中在不同温度下酸浸渣中碳含量的变化曲线可以看出，无机盐杂质可以在 60min 内被分解形成水溶性离子与碳质材料分离；而且，当温度从 25℃升高到 60℃时，酸浸效率随温度的升高而增强。众所周知，随着温度的升高，离子的活性得到增强[143]。因此，在较高的酸浸温度下可获得纯度更高的炭粉[151]。然而，当温度从 60℃升高到 80℃时，炭粉纯度略有下降。产生此种实验现象的主要原因是因为盐酸是挥发性的，高温使酸挥发加剧，80℃下酸浸渣的碳含量略低于 60℃。因此，基于图 4-35 中酸浸实验结果，选择温度 60℃为酸浸除杂实验最优工艺参数。

4.4.2.2　初始酸浓度-时间实验结果

将 10g 碱浸料放入锥形瓶中，加入盐酸溶液浸出除杂，保持液固比为 5，温度 60℃，超声波功率 400W；在 10min、20min、30min、40min、50min、60min 条件下反应，考查不同盐酸浓度对酸浸结果的影响。洗涤过滤后，烘干滤饼，烧灰分析检测滤饼中的碳含量，实验结果如图 4-36 所示。

由图 4-36 可知，酸浸渣中的碳含量随初始酸浓度的增加而升高。当初始酸浓度从 1mol/L 增加到 3mol/L 时，3 条相应的变化曲线表明酸浸后炭粉的纯度明显提高。溶液中 H^+ 浓度随酸浓度的增加而增大，使得酸性条件下杂质的动力学条件得到改善。两条对应初始酸浓度分别为 3mol/L 和 4mol/L 的酸浸渣碳含量变化曲线变化趋势相似度很高，表明在此状态下，浸出渣中的碳含量差别不大，这意味着当初始酸浓度大于 3mol/L 时，溶液中有足够的酸与无机杂质反应。因此，选择初始酸浓度 3mol/L 作为酸浸除杂实验最优工艺参数是合适的。

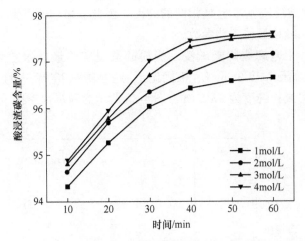

图 4-36 初始酸浓度-时间对酸浸渣中碳含量的影响

4.4.2.3 超声波功率-时间实验结果

将 10g 碱浸料放入锥形瓶中，加入盐酸溶液浸出除杂，保持液固比为 5，温度 60℃，初始酸浓度 3mol/L；在 10min、20min、30min、40min、50min、60min 条件下反应，考查不同超声波功率对酸浸结果的影响。洗涤过滤后，烘干滤饼，烧灰分析检测滤饼中的碳含量，实验结果如图 4-37 所示。

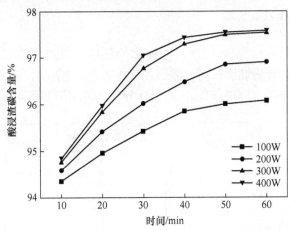

图 4-37 超声波功率-时间对酸浸渣中碳含量的影响

由图 4-37 可以看出，较高的超声波功率可以产生更好的酸浸结果。超声波在铝电解废阴极炭粉的碱浸实验和酸浸实验过程中的作用相同。超声波功率增强可以改善实验动力学条件、提高无机盐杂质浸出效率，从而获得更高纯度的产品。在图 4-37 中，功率 300W 和 400W 的酸浸渣曲线的碳含量变化趋势相同，在

50min 内纯化的酸浸渣基本上是相同的纯度。因此，可以认为超声波功率 300W 和酸浸时间 60min 是最佳工艺参数。

　　综上所述，铝电解废阴极碱浸后炭粉的酸浸实验最佳参数为：温度 60℃，时间 60min，初始酸浓度 3mol/L，液固比 5，超声功率 300W。废阴极炭经碱浸和酸浸处理后所得炭粉纯度为 97.53%，图 4-38 所示为碱浸-酸浸协同处理后炭渣的 XRD 图。

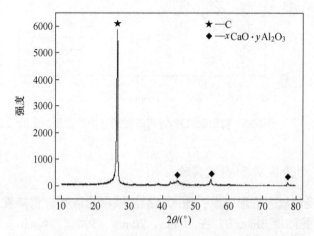

图 4-38　废阴极碱浸-酸浸协同处理后炭粉 XRD 图

4.4.3　酸浸渣杂质分析

　　铝电解废阴极炭经碱浸-酸浸协同纯化处理后，得到了纯度为 97.53% 的炭粉；提纯处理后的炭粉纯度较高，但仍含有约 2.5% 的杂质。碱浸-酸浸纯化后的炭粉经高温燃烧脱炭，所得灰分进行 XRD 分析，其结果如图 4-39 所示。

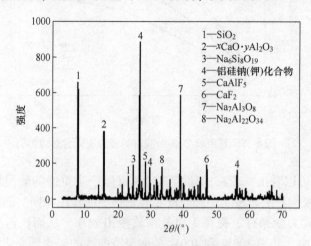

图 4-39　废阴极酸浸渣灰分 XRD 图

由图 4-39 可以看出，酸浸渣含有的杂质有：

SiO_2：酸浸渣中 SiO_2 含量增多，分析原因可能是原料中存在的 SiO_2 通过碱浸-酸浸处理未能除去，或者是反应新产生的生成物，见反应方程式（4-8）。

$xCaO \cdot yAl_2O_3$：通过酸浸不能除掉。

铝硅钠（钾）化合物：多种不规则复杂铝硅酸盐。

$Na_6Si_8O_{19}(3Na_2O \cdot 8SiO_2)$：可能是酸浸过程中产生的胶体 SiO_2 与 Na 化合物反应产生，XRD 图中显示峰强度低且对应峰少，因此不能确定浸出渣中是否存在此种物质，若存在其含量也是极低的。

$NaAl_{11}O_{17}$：β-Al_2O_3 化学性质稳定，难以溶解于氢氧化钠溶液和盐酸溶液，碱浸和酸浸脱除效果不佳。

CaF_2：脱除不彻底。

$CaAlF_5(CaF_2 \cdot AlF_3)$：过程产物，可通过调整酸浸处理过程抑制其生成。

$Na_7Al_3O_8(7Na_2O \cdot 3\ Al_2O_3)$：该处峰所对应的物相不能确定，可能是反应过程的中间产物或物相在煅烧脱炭过程产生的相变产物。

酸浸炭粉中剩余杂质 SiO_2、$NaAl_{11}O_{17}$、铝硅钠（钾）化合物等杂质在碱浸-酸浸处理过程中不能被分离除去，但这些物质可以在高温过程中与熔融碱发生反应形成可溶于酸的化合物，也可以与氢氟酸反应变成离子状态。$Na_6Si_8O_{19}$、$xCaO \cdot yAl_2O_3$、$Na_7Al_3O_8$ 等化合物如果看成多种简单化合物的构成，也可能与熔融碱和（或）氢氟酸反应。为了进一步提高回收炭粉的纯度，可以选择熔融碱-盐酸+氢氟酸的处理工艺进行进一步分离提纯。

4.5 本章小结

（1）通过热力学分析，绘制铝电解废阴极主要杂质在碱液中化学反应吉布斯自由能随温度变化的 ΔG-T 图与化学平衡常数随温度变化的 $\lg k$-T 图，研究验证了碱浸-酸浸协同纯化废阴极炭的可行性。

（2）正交实验明确铝电解废阴极炭碱浸纯化过程实验因素影响主次关系为：初始碱浓度>温度>时间>液固比>原料粒径>搅拌速率；单因素实验获得碱浸处理废阴极的最佳条件为：温度 60℃、时间 90min、初始碱浓度 1.0mol/L、液固比 10、物料粒径小于 0.147mm（100 目）、搅拌速率 300r/min；碱浸处理后得到的炭渣中碳含量可达 92.23%。

（3）对废阴极炭碱浸过程进行动力学计算，得到废阴极碱浸提铝过程的宏观动力学方程为：

$$-\ln(1-x) = 8038.84\exp(-3.171\times104/RT)\,c^{0.93641}t^{0.99689}$$

由动力学方程可知，浸出反应表观活化能为 31.71kJ/mol，晶粒常数 n = 0.99689，浸出过程受界面化学反应控制和扩散控制两者的混合控制，但 $n \approx 1$，说明浸出过程基本可看作界面化学反应控制。强化界面化学反应（如提高反应温度、增大浸出剂初始浓度、减小矿粒粒径等）能够更有效地提高废阴极中铝的碱浸提取效果。

（4）对铝电解废阴极炭碱浸纯化过程进行工艺优化，选择超声波辅助化学浸出提纯废阴极炭，实验结果表明超声波辅助浸出具有明显优势：较短的浸出时间、更高的浸出除杂效率、提纯后的炭粉粒径小、表面光滑度高。

（5）碱浸纯化后废阴极炭经盐酸进一步纯化，酸浸实验最佳参数为：温度 60℃、时间 60min、初始酸浓度 3mol/L、液固比 5、超声功率 300W；废阴极炭经碱浸和酸浸处理后所得炭粉纯度为 97.53%。

（6）碱浸-酸浸法纯化后废阴极炭中主要杂质为二氧化硅、难处理铝硅酸盐、β-氧化铝等。铝硅酸盐成分复杂、稳定性高，在常压浸出过程难以与酸碱反应，存在熔融碱+氢氟酸脱除难处理杂质的可能性。

5 废阴极炭深度纯化及非碳有价元素提取实验研究

<<<<<<<<<<<<<<<<<<<<<<<<<<<<<<<<<<<<<<<<<<<<<<<<<<<<<<<<<<<<<<

根据第 4 章中废阴极炭碱浸-酸浸分离提纯实验结果和原料与浸出渣中杂质成分对比分析所得：铝电解废阴极炭块中含有的非碳无机盐杂质成分复杂，多种杂质在常温（不高于 100℃）酸/碱溶液浸出过程中不能有效地脱除，通过分析发现该部分杂质在熔融态碱液和氢氟酸体系中可以发生反应生成可溶于常温碱/酸溶液中的物质。本章选择碱熔-酸浸处理工艺对铝电解废阴极进行深度分离纯化，以期获得更高纯度的炭粉；针对离子状态进入提纯废水的非碳有价元素进行分离提取，在获取相应副产品的同时实现废水无害化处理。

5.1 深度纯化试验

5.1.1 实验内容

5.1.1.1 原料准备

实验中所用铝电解废阴极炭块为四川某铝电解厂提供，工业分析和元素分析结果见第 3 章原料物化性能分析部分编号 QMX 料分析结果。

原料采用破碎—粉磨—筛分工序得到不同粒径的粉料。按粒径 0.714 ~ 0.147mm、0.048 ~ 0.074mm、0.038 ~ 0.048mm、小于 0.038mm 将原料粉体分为 4 级，将粉料放在干燥箱中 105℃下恒温 4h 备用。

5.1.1.2 实验步骤

（1）水浸：按一定液固比将废阴极粉料与去离子水混合浸出可溶氟化物 NaF，浸出一定时间后过滤分离，滤渣进行下一步处置，滤液用于酸浸过程；

（2）浸渍：将步骤（1）中称量的废阴极粉体与氢氧化钠按一定比例混合均匀后，加去离子水和表面改性剂酒精搅拌均匀，静置 3h；浸渍过程中去离子水与废阴极液固比为 3，酒精添加量与废阴极液固比为 0.1；

（3）蒸干：静置后矿浆在电炉上加热蒸干水分；

（4）碱熔：蒸干后混合料在刚玉坩埚中放入气氛炉，炉温升温到预定值后保温一定时间，在惰性气氛中加热进行碱熔实验；

（5）水洗：碱熔物料冷却后进行水洗，水洗过程在超声波场中保温 60℃进行，重复水洗-过滤操作直至水洗液显中性后固液分离，滤液收集，滤渣进入下一工序；

（6）酸浸：将水洗后物料与盐酸+氟化钠混合液混合，可选择水浸液替代氟化钠，超声波场中 60℃下浸出 2h，过滤，滤液收集，滤渣进入下一工序；

（7）酸洗—水洗：酸浸后物料先以 5%浓度盐酸 70℃下洗涤 1h，再 70℃水洗1h，重复水洗直至水洗液 pH 值显中性，过滤，滤液收集，滤渣干燥后在马弗炉中 800℃下恒温 4h 烧灰，评估实验结果。

5.1.1.3　实验设计

在探索性实验基础上，选择正交实验方法，采用 $L_9(3^4)$ 三因素三水平正交表考查碱熔过程中碱熔温度、碱熔时间、碱料质量比三因素对评价指标碱熔水洗渣纯度的影响。各因素水平见表 5-1。

表 5-1　废阴极碱熔实验因素水平表

水平	因　　素		
	温度 A/℃	时间 B/min	碱料比 C
1	400	60	0.5
2	500	120	1.0
3	600	180	1.5

采用单因素实验，考查碱熔过程物料粒径、碱用量与废阴极炭中灰分含量质量比（碱灰比、水浸溶出的可溶氟化物也计算在内）、碱熔温度、碱熔时间、酸浸温度、酸浸时间、酸浸液固比、酸浓度、氟化钠添加量等因素对最终浸出渣中碳含量的影响。因未能明确碱熔-水洗后浸出渣中含有的物质是否可通过酸浸过程完全除去，且碱熔过程中产生了部分可与酸反应的中间产物，如 Na_2SiO_3、$NaAlO_2$、$NaAlSiO_4$ 等，故不能选择碱熔—水洗后浸出渣中碳含量来评估碱熔过程实验因素对最终结果的影响。

5.1.2　实验结果与讨论

5.1.2.1　正交实验结果讨论

铝电解废阴极碱熔过程正交实验结果见表 5-2。

表 5-2　废阴极碱熔正交实验结果与分析

序号	因　　素			碱熔渣纯度/%
	A	B	C	
1	1	1	1	87.46
2	1	2	2	89.53

序号	因　　素			碱熔渣纯度/%
	A	B	C	
3	1	3	3	92.14
4	2	1	2	90.69
5	2	2	3	93.08
6	2	3	1	88.45
7	3	1	3	92.67
8	3	2	1	89.55
9	3	3	2	92.38
K_1	269.13	270.82	265.46	
K_2	272.22	272.16	272.6	
K_3	274.31	272.97	277.89	
R	5.18	2.15	12.43	

对表 5-2 中废阴极碱熔过程正交实验结果进行极差分析。根据极差值 R 值的大小可知：（1）在各因素设定范围内，影响铝电解废阴极碱熔炭粉纯度的各因素极差值大小为 $R(C) > R(A) > R(B)$，即影响碱熔结果的各因素主次关系为碱料比>温度>时间，碱料比影响最为显著，碱熔时间影响相对较小；（2）正交实验结果列表中得出的铝电解废阴极炭碱熔渣纯度最高的工艺为 A3B3C3，即 600℃、碱熔保温 180min、碱料比为 1.5。

碱熔处理后碱与原料的混合体冷却后会形成一个整体，如图 5-1 所示，难以

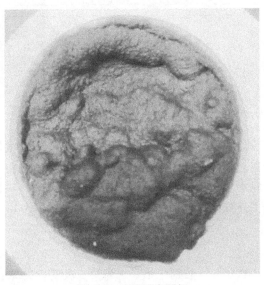

图 5-1　碱熔后废阴极

与盛放碱熔料的容器分离。Daher[152]指出在碱熔过程中，特别是在高碱度情况下，碱的凝聚和分离不仅会导致碱溶料的烧结固化，而且使得碱熔料容易黏结在反应器的内壁上形成耐火层阻挡热量的传递。因此，实验步骤中水洗过程需要多次细致洗涤，以提高洗涤效果、降低物料损失。

表 5-3 和图 5-2 中分别给出了废阴极炭粉碱熔—水洗后炭渣的元素分析和物相分析结果，从中可以得出碱熔渣中含有部分可溶于强酸的碱熔产物，这与探索实验所得结果相同，碱熔渣纯度不能有效表征碱熔实验结果，需要将碱熔过程与酸浸过程统一为一个连续实验后以最终产物的纯度作为评价指标。

表 5-3　碱熔水洗后产物元素分析　　　　　　　　　（％）

元素	C	F	Na	Al	Ca	Si	O	其他
含量	93.26	0.74	0.48	1.46	2.38	0.57	0.73	0.38

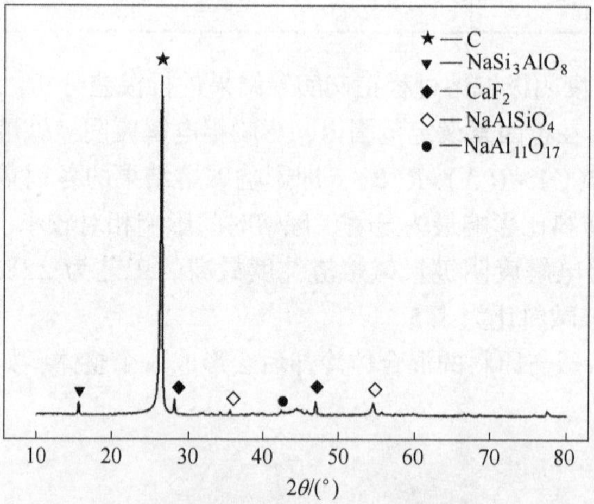

图 5-2　碱熔水洗后产物 XRD 图

5.1.2.2　单因素实验结果讨论

经探索实验发现，废阴极炭深度纯化处理后所得炭粉纯度较高；废阴极炭块中杂质分布规律性差，且深度纯化实验流程较长，处理后炭粉纯度存在一定的波动性。为了直观表现实验结果的数据离散程度，选择标准差进行误差表征。每个因素进行三次实验，计算标准差。标准差计算公式见式（5-1）。

$$\sigma = \sqrt{\frac{1}{N}\sum_{i=1}^{N}(x_i - \mu)^2} \tag{5-1}$$

式中，σ 为标准差；N 为实验数据个数；x_i 为第 i 次实验结果；μ 为 N 次实验结果平均值。

A 粒径

称取干燥后废阴极粉料不同粒径 0.074～0.147mm（100～200 目）、0.048～0.074mm（200～300 目）、0.038～0.048mm（300～400 目）、小于 0.038mm（400 目）各 30g，按第 5.2.1.2 节实验步骤进行碱熔-酸浸实验。实验条件为：碱灰比 7∶1、碱熔温度 600℃、碱熔时间 180min、超声波声强 0.75W/cm²，酸洗盐酸浓度 6mol/L、盐酸 600mL、保温 60℃、氟化钠浓度 10g/L。考查原料粒径对浸出渣中碳含量的影响，实验结果如图 5-3 所示。

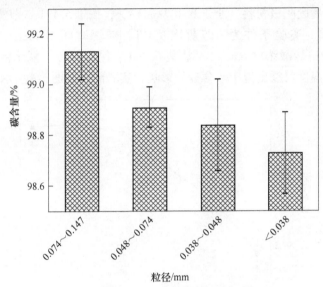

图 5-3　原料粒径对碱熔-酸浸效果的影响

由图 5-3 可以看出，相同实验条件下，随着废阴极粉料粒径的降低浸出渣中碳含量相应地降低，0.074～0.147mm 粒径除杂效果最好，小于 0.038mm 粒径的除杂效果最差。这一实验现象与不同粒径原料中碳含量的分布情况相类似，但与碱浸过程中原料粒径对浸出渣碳含量的影响存在差异性。图 4-9 中，碱浸过程中，炭粉中碳含量波动范围较大；而图 5-2 中，炭粉中碳含量波动幅度较小，特别是当粒径小于 0.074mm 时，3 种不同粒径的废阴极经处理所得炭粉的品位接近。不同粒径粉料的试验结果标准差无明显规律性，数值区间在 0.08～0.18，表明实验结果离散程度小，实验结果可信度高。

前文已经分析过：原料中碳含量随着粉磨粒径的降低而降低，更多的无机杂质富集在较小粒径的粉料中，使得浸出除杂处理难度增大，除杂效果不理想。在超声波辅助碱熔-酸浸实验中，高温使得部分在碱浸过程中不反应的杂质与熔融氢氧化钠反应生成可溶性物质；超声波作用下溶液中的空化效应促使部分杂质与溶液发生反应[153]，超声波辅助作用已在前文中研究过；盐酸+氟化钠溶液为人造盐酸+氢氟酸混合酸体系，脱杂效果优于纯盐酸体系。基于这 3 个优势，超声波辅助碱熔-酸浸实验所得炭粉纯度较高，而较好的脱杂效果弥补了原料因不同粒径产生的杂质量差，使得粒径对实验结果的影响不显著。因此，针对这一实验结果，选择小于 0.147mm（100 目）粒径粉料进行后续实验，该粒径下废阴极粉料在破碎粉磨过程中易于达成。

B 碱熔温度

称取干燥后废阴极粉料（小于 0.147mm）30g，按第 5.1.1.2 节实验步骤进行碱熔-酸浸实验。实验条件为：碱灰比 7∶1、碱熔时间 180min、超声波声强 0.75W/cm²，酸洗盐酸浓度 6mol/L、盐酸 600mL、保温 60℃、氟化钠浓度 10g/L。考查不同碱熔温度对浸出渣中碳含量的影响，实验结果如图 5-4 所示。

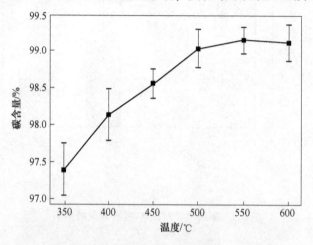

图 5-4 碱熔温度对碱熔-酸浸效果的影响

由图 5-4 可知，废阴极纯化炭粉中碳含量随着碱熔温度的升高而增大，碳含量由 350℃时的 97.38%逐步增大到 550℃时的 99.15%后略有下降，碳含量随碱熔温度变化趋势图在温度 550℃时出现拐点。当纯化后炭粉碳含量较低时，实验标准差值较大，说明高灰分对炭粉纯度的影响更大，导致实验结果离散程度高。

氢氧化钠常压下的熔点为 318℃，300～500℃时浸出渣中碳含量呈上升趋势的原因是这一温度区间内氢氧化钠的熔融态是逐步进行的熔化过程[154]，温度的升高使碱的熔融流动性增强[155]，炭粉中可反应无机杂质与碱液的反应动力学条件随温度的升高而改善。流动的熔体中各液层的定向运动速率不同，相邻液层间发生相对运动，产生了内摩擦力，即黏滞现象。碱性渣的黏度随温度升高至一定值后会有急剧减小而不是平缓降低的变化趋势，其原因是碱性渣中聚合离子尺寸较小、移动性好、温度变化影响较为显著。根据约特沃斯方程描述[131]，熔盐的表面张力随温度升高呈线性下降。固态物质融化过程相变速率随温度的升高而加快，虽然氢氧化钠理论固液相变温度为318℃，相同反应时间内若要实现废阴极中无机盐杂质与熔融碱液的充分反应，这需要足够多的熔融碱液配合足够长的反应时间，而升高碱熔实验温度是解决这一问题的有效手段。500℃以上炉温可实现固态碱尽快转变为熔融状态并预留足够的化学反应时间，因此炉温高于500℃时图5-3中曲线变化趋势变缓，碱熔渣碳含量由500℃的99.04%增大到550℃时的99.15%，处理后炭粉纯度变化不明显；600℃时所得浸出渣碳含量较550℃略有下降，其主要原因是600℃下碱与石墨发生氧化反应体积膨胀所致，而这也是活性炭活化方法之一。但600℃会为实验过程碱的熔融及与杂质的混合提供充足的保障，而因温度升高导致的纯度下降可忽略。因此，综合考虑浸出结果和实验能耗选择600℃作为最优碱熔温度参数。

C 碱灰比

称取干燥后废阴极粉料（小于0.147mm）30g，按第5.1.1.2节实验步骤进行碱熔-酸浸实验。实验条件为：碱熔温度600℃、碱熔时间180min、超声波声强0.75 W/cm²，酸洗盐酸浓度6mol/L、盐酸600mL、保温60℃、氟化钠浓度10g/L。考查不同碱灰比对浸出渣中碳含量的影响，实验结果如图5-5所示。

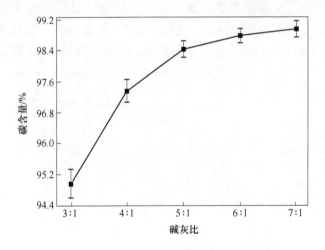

图5-5 碱灰比对碱熔-酸浸效果的影响

由图5-5碱灰比对浸出结果的影响实验结果可以得出，随着碱灰比的增大，浸出渣中碳含量相应增大，在碱灰比小于7∶1前浸出渣中碳含量变化曲线并没有出现明显的拐点，但继续增大碱灰比碱熔炭粉纯度变化较小。碱灰比较低时，加入的碱量较少，不足以实现碱对炭粉中杂质的有效接触包裹，或与杂质接触的碱量较低，影响了碱与杂质的反应。随着碱灰比的增大，用碱量增大，与单位无机杂质接触反应的碱量增大，除杂效果得到改善[156]。实验过程中，当碱灰比较低时，熔融氢氧化钠在碱熔过程中与之反应的杂质量低，主要脱杂反应发生在碱熔渣水洗过程中，此过程相当于氢氧化钠溶液碱浸除杂实验；超声波辅助碱浸并不能有效脱除废阴极中的 β-Al_2O_3、莫来石等多种无机盐杂质，因此碱灰比较低时所得浸出渣碳含量低。图 5-5 中，随着碱灰比的进一步增大，所得炭粉中碳含量增大效果明显，可能原因有两点：（1）碱熔过程中需要更多的熔融氢氧化钠来实现废阴极粉末的分散，但实验过程中发现废阴极粉体并没有完全分散在熔融碱中，两者出现一定程度的上下分层；（2）废阴极经碱熔-酸浸处理后炭粉纯度较高，约 99%，炭粉中杂质含量低，碱灰比增大而增加的氢氧化钠作用于废阴极中，提高杂质的脱杂率，反映在炭粉纯度上可能会有小幅度的上升。

因此，仅考虑图 5-5 所示实验结果，碱灰比越高越有利于所得炭粉纯度的提高，也即氢氧化钠添加量多多益善。但是，考虑到实验试剂的消耗量、后续废水处理以及现有实验用量所能达到的实验效果，选择碱灰比 7:1 作为碱熔-酸浸实验的最优参数。

D 碱熔时间

称取干燥后废阴极粉料（小于 0.147mm）30g，按第 5.1.1.2 节实验步骤进行碱熔-酸浸实验。实验条件为：碱灰比 7:1、碱熔温度 600℃、超声波声强 0.75W/cm^2，酸洗盐酸浓度 6mol/L、盐酸 600mL、保温 60℃、氟化钠浓度 10g/L。考查不同碱熔时间对浸出渣中碳含量的影响，实验结果如图 5-6 所示。

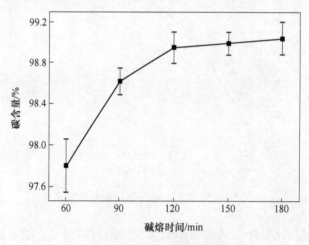

图 5-6　碱熔时间对除杂效果的影响

由图 5-6 可知，随着碱熔时间的延长，浸出渣中碳含量增大，浸出除杂效果随碱熔时间的延长而改善。当碱熔时间 60min 时，浸出渣中碳含量 97.8%，灰分量大，说明碱熔时间过短，不能保证废阴极炭粉中存在的无机杂质与碱的充分反应；随着碱熔时间的延长，碱与杂质反应时间延长，更多的无机杂质得到脱除，

120min 时浸出渣碳含量变化曲线出现拐点，浸出渣中碳含量为 98.95%，继续增大碱熔时间碳含量略有上升，碱熔时间延长到 180min 浸出渣碳含量仅相比 120min 碳含量升高 0.09%，变化趋势不明显。碱熔时间 120min 后延长时间对脱杂效果影响不显著，因此选择 120min 作为最优碱熔时间。

熔盐属于离子熔体，为近距有序结构，阴阳离子随机统计地分布在熔体中。阴阳离子之间的库伦作用力是决定熔体热力学和结构性质的主要因素[157]。上文碱熔温度对废阴极脱杂效果影响实验部分已经分析得出，碱熔时间分为两部分：固态碱转化为液态的相变过程和无机盐杂质与液态碱的反应过程。熔融碱液中阴阳离子之间的库伦力需要碱熔温度和时间的协同作用以实现碱熔体与可反应无机盐杂质之间的化学反应热力学变化。固态碱的熔化相变过程持续进行，实验现象与冰的溶化相同；当碱熔实验时间较短时，固态反应物不能完全转化为熔融态，或转化为熔融态后与无机盐杂质反应的时间过短，这两个因素均可能造成杂质的不完全反应，最终导致处理后炭粉纯度偏低。随着实验时间的延长，足够的时间保证了碱熔除杂过程的彻底进行，所得炭粉纯度会与脱杂过程完成度呈未知正比状态。在废阴极碱熔过程中无明显可逆反应的状态下，反应时间的延长有利于所得炭粉纯度的提高。

E 超声波声强

称取干燥后废阴极粉料（小于 0.147mm）30g，按第 5.1.1.2 节实验步骤进行碱熔-酸浸实验。实验条件为：碱灰比 7：1、碱熔温度 600℃、碱熔时间 120min，酸洗盐酸浓度 6mol/L、盐酸 600mL、保温 60℃、氟化钠浓度 10g/L。考查不同超声波声强对废阴极炭碱熔-酸浸处理工艺浸出渣中碳含量的影响，实验结果如图 5-7 所示。

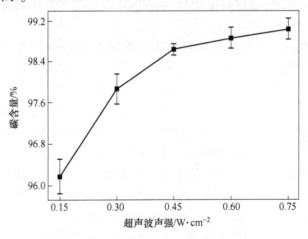

图 5-7 超声波声强对碱熔-酸浸效果的影响

　　图 5-7 所示为超声波声强对废阴极碱熔-酸浸脱杂效果的影响。实验过程中，碱熔料冷却后用 1L 去离子水多次洗涤，前两次置于超声波场中洗涤，该过程类似于第 4 章中的废阴极超声波辅助碱浸除杂过程。由图 5-7 可知，废阴极除杂后炭粉纯度随超声波场声强的增大而升高，这个实验现象与超声波辅助碱浸除杂实验结果变化趋势相同[150]。超声波场作用于水溶液时，传播介质溶液中发生的空化效应强度与声强存在一定关系：当声强增大时，空化泡核形成的最大直径和初始直径比值增大，空化强度增强，同时空穴数量也随声强增大而增多[123]；但另一方面，过高的声强会妨碍空化效应的产生，声强过高会在超声波转换器附近形成大量密集排列的空化泡，这些空化泡会形成一层音障从而阻碍超声波的传递，最终降低超声波场的整体作用。实验过程中，受实验设备超声波发生器的制约，超声波声强最大为 $0.75W/cm^2$（超声波发生器最大功率 900W，清洗槽底部尺寸 30cm×40cm），不会因声强过高而对空化效应产生抑制作用。超声波场作用下炭颗粒表面和内部的极不规则、极其复杂的孔隙裂缝、凹凸起伏、褶皱重叠的几何特征使得废阴极浸出纯化效果较常规提纯效果大幅改善。

　　实验结果表明：废阴极炭碱熔-酸浸实验过程中超声波场辅助作用效果是明显的。基于前文超声波辅助碱浸实验结果、结合超声波辅助湿法浸出除杂文献中超声波作用，为了实现废阴极中无机盐杂质的尽可能脱除以获得纯度高的炭粉，选择现有超声波发生器的最大功率进行超声辅助脱杂，声强 $0.75W/cm^2$ 不仅适用于碱熔料的水洗过程，同样适用于后续实验的酸浸过程。

　　F　酸浸浓度

　　称取干燥后废阴极粉料（小于 0.147mm）30g，按第 5.1.1.2 节实验步骤进行碱熔-酸浸实验。实验条件为：碱灰比 7∶1、碱熔温度 600℃、碱熔时间 120min、超声波声强 $0.75W/cm^2$，盐酸溶液 600mL、保温 60℃、氟化钠浓度 10g/L。考查不同盐酸浓度对废阴极炭碱熔-酸浸处理工艺浸出渣中碳含量的影响，实验结果如图 5-8 所示。

　　如图 5-8 所示，浸出渣中碳含量随着酸浸浓度的增大而增大，至酸浓度 4mol/L 后增长缓慢，酸浓度 4mol/L 条件下产出的浸出渣碳含量 99.05%，浓度 5mol/L 对应的碳含量 99.08%，两者相差较小；浓度高于 4mol/L 后浸出渣碳含量变化趋势趋于平缓，因此可以选择盐酸浓度 4mol/L 作为最优酸浓度。酸浓度表示了溶液在固定体积下含有的盐酸量，即可与无机杂质反应的 H^+ 量；浓度较低时，溶液 H^+ 浓度低，与无机杂质的接触概率小，反应动力学条件差，所得浸出渣中碳含量较低；随着酸浓度的增大，溶液中 H^+ 与无机杂质反映动力学条件优化，浸出除杂效果较好。化学试剂浓盐酸中 HCl 的质量分数一般约 36%，即 12mol/L，4mol/L 的盐酸溶液相当于 HCl 的质量分数等于 12%。酸浸实验中炭粉的纯度较高，其中含有的杂质量低于 5%，而酸浸过程中盐酸与废阴极液固比选择 30∶1，其中可参与反应的盐酸量是过量的；但实验过程中当盐酸浓度较低时

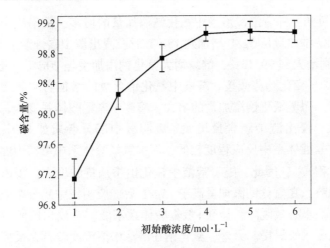

图 5-8 酸浓度对碱熔-酸浸效果的影响

所得炭粉纯度仍未达到最大纯度，炭粉中仍含有可脱除杂质，其主要原因是盐酸浓度低使得反应过程中杂质与盐酸的反应动力学条件差，反应物碰撞概率低，一定反应时间内未能使得杂质完全脱除。综合考虑实验结果及酸用量，选择酸浓度 4mol/L 为最优酸浸参数。

G 氟化钠浓度

称取干燥后废阴极粉料（小于 0.147mm）30g，按第 5.1.1.2 节实验步骤进行碱熔-酸浸实验。实验条件为：碱灰比 7∶1、碱熔温度 600℃、碱熔时间 120min、超声波声强 0.75W/cm^2，酸浸过程温度 60℃、盐酸浓度 4mol/L、盐酸溶液 600mL。考查不同氟化钠浓度对废阴极炭碱熔-酸浸处理工艺浸出渣中碳含量的影响，实验结果如图 5-9 所示。

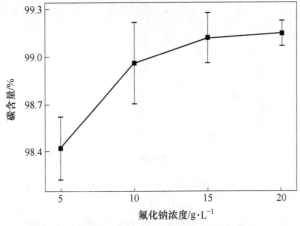

图 5-9 氟化钠浓度对浸出除杂效果的影响

由图 5-9 可知，随着酸浸溶液中氟化钠添加量的增多，浸出渣中碳含量相应地升高；氟化钠添加量从 5g/L 增加到 15g/L 时，浸出渣中碳含量上升速率较快，从 98.42% 急剧增大到 99.12%，继续增大氟化钠添加量至 20g/L，浸出渣碳含量增长至 99.15%，变化趋势减缓。溶液中氟化钠含量的增加有利于废阴极中无机盐杂质的分离；随着氟化钠添加量的增大，溶液中氢氟酸体系变强，可反应除去的杂质量增大，浸出渣中碳含量增大。废阴极中部分杂质如 SiO_2、$NaAl_{11}O_{17}$、$NaAlSiO_4$ 等在盐酸体系中反应程度较低，而在氢氟酸体系中可实现固体向可溶性离子转变的过程[158]，因此，随着溶液中氟化钠添加量的增大，浸出渣中碳含量呈持续上升趋势。在氟化钠添加量高于 15g/L 后，废阴极中残余杂质在现有脱杂体系中不能进一步有效脱除，盐酸+氢氟酸体系不能完全浸出废阴极中的所有杂质，废阴极纯度增长缓慢。另外，氟化钠在溶液中溶解度较低，反应体系中氟化钠添加量增大会导致炭粉水洗工序复杂度增加，因为固体炭粉颗粒为溶液中可结晶粒子提供了晶核，且多孔性材料炭对结晶粒子具有吸附性。因此，选择氟化钠添加量 15g/L 为最优实验参数。

H　酸浸温度

称取干燥后废阴极粉料（小于 0.147mm）30g，按第 5.1.1.2 节实验步骤进行碱熔-酸浸实验。实验条件为：碱灰比 7:1、碱熔温度 600℃、碱熔时间 120min、超声波声强 0.75W/cm²，酸浸过程盐酸浓度 4mol/L、氟化钠添加量 15g/L、盐酸溶液 600mL。考查不同酸浸温度对废阴极炭碱熔-酸浸处理工艺浸出渣中碳含量的影响，实验结果如图 5-10 所示。

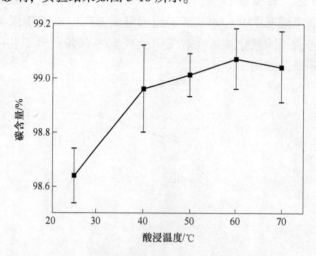

图 5-10　酸浸温度对浸出除杂效果的影响

由图 5-10 可知，当温度 25℃时浸出渣中碳含量为 98.64%，升高温度导致碳含量随之增大，至酸浸温度 60℃时达到峰值 99.07%后略有下降，70℃时浸出渣碳含量 99.04%。当高于 50℃时，酸浸温度对浸出渣中碳含量的影响不大。碱熔—水洗后炭粉中所含杂质主要有氟化钙及复杂铝硅酸盐，氟化钙在酸性溶液中溶解，铝硅酸盐可以与酸反应产生硅酸等物质，这些酸浸反应均对温度变化不敏感，酸浸温度的变化对除杂效果影响较小。当温度在 70℃时浸出渣碳含量略有下降，其主要原因是高温导致盐酸挥发性增强。当酸浸温度较高时，使得溶液中的酸受热挥发，不仅造成了环境污染，还会降低溶液酸浓度，除杂效果略有影响。因此，选择 60℃作为碱浸最优实验温度。

I　酸浸液固比

称取干燥后废阴极粉料（小于 0.147mm）30g，按第 5.1.1.2 节实验步骤进行碱熔-酸浸实验。实验条件为：碱灰比 7:1、碱熔温度 600℃、碱熔时间 120min、超声波声强 0.75W/cm²，酸浸过程盐酸浓度 4mol/L、氟化钠添加量 15g/L、盐酸溶液 600mL。考查不同酸浸液固比对废阴极碱熔-酸浸处理工艺浸出渣中碳含量的影响，实验结果如图 5-11 所示。

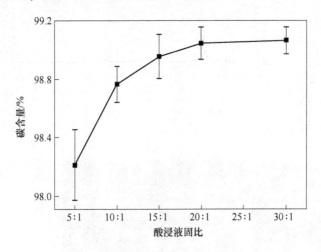

图 5-11　酸浸液固比对除杂效果的影响

由图 5-11 可知，随着酸浸液固比的增大，浸出渣中碳含量呈现逐步增大后出现拐点的趋势，当液固比 20:1 时浸出渣中碳含量为 99.04%，当液固比 30:1 时碳含量为 99.06%，考虑到实验误差，可以认为碱浸实验过程中当液固比增大到 20:1 之后浸出渣中碳含量即可达到最大值，继续增大液固比不能有效提高除杂效果。液固比较小时，溶体中水含量较少，限制了可溶化合物的溶解，增大水量可以尽可能降低炭粉中可溶杂质不能溶出的实验误差。综合考虑实验化学试剂用量和能量消耗，选择酸浸液固比 20:1 作为最优实验参数。

5.1.3　深度纯化工艺验证

根据深度纯化实验得出最优工艺参数：粒径小于 0.147mm（100 目）、碱灰比 7∶1、浸渍液固比 2∶1、碱熔温度 600℃、碱熔时间 120min、超声波声强 0.75W/cm²、酸浸温度 60℃、酸浸时间 120min、酸浓度 4mol/L、酸浸液固比 20∶1、氟化钠浓度 15g/L。在最优实验参数下进行综合实验，结果如图 5-2、图 5-12～图 5-14 及表 5-3～表 5-4 所示。

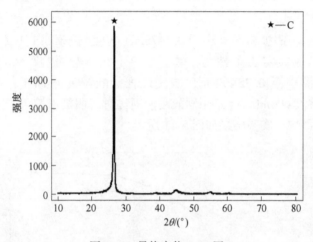

图 5-12　最终产物 XRD 图

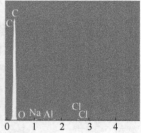

图 5-13　最终产物 SEM-EDS 图

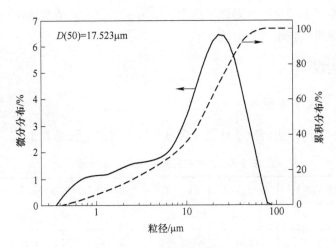

图 5-14　最终产物粒径

表 5-4　最优条件下重复实验结果

实　验　序　号	浸出渣碳含量/%
1	99.06
2	99.13
3	98.86
平均	99.02

　　根据铝电解废阴极炭超声波辅助碱熔-酸浸协同处理实验结果可知，碱熔水洗后炭渣纯度较低，废阴极中无机盐杂质与熔融态氢氧化钠产生了可溶于酸的中间产物，通过盐酸+氢氟酸混酸体系可以有效脱除碱熔渣中的杂质得到纯度较高的炭粉。表 5-4 中，碱熔-酸浸协同处理所得的炭粉纯度存在一定波动性，其主要原因有：（1）实验误差及人为误差导致炭粉纯度有 0.1%~0.2%的波动；（2）废阴极炭块中所含杂质分布均匀性较差，不同实验所取废阴极粉料中含有的无机盐杂质具有一定差异性。经新工艺处理后炭粉进行 SEM-EDS 分析及激光粒度分析发现，当放大 10000 倍时可发现炭粉颗粒呈不规则形颗粒、表面刺状物及孔隙多、颗粒比表面积大；粒度分析结果较第 4 章中碱浸-酸浸处理所得炭粉小，$D(50)$仅 17.523μm，图 5-12 中物相分析和图 5-13 中 EDS 分析结果相互印证，表明纯化后炭粉中主要元素为碳，另含有微量元素。

5.2　废水无害化处置及有价元素提取

　　针对铝电解废阴极炭除杂提纯，该书中采用了碱浸-酸浸和碱熔-酸浸两种方法进行了深入研究，得到了品位较高的炭粉。两种处理方法均在溶液中进行，因此不可避免地产生了含有可溶离子的废水，为了实现工艺流程清洁化、工业用水可循环化，需要对废水进行处理[159]。

5.2.1　实验内容

5.2.1.1　废水离子成分

分别对不同废水进行离子种类与含量分析，废水成分见表 5-5。

表 5-5　废水中主要离子成分与含量

废水	$F^-/g \cdot L^{-1}$	$Na^+/g \cdot L^{-1}$	$Al/g \cdot L^{-1}$	$OH^-/mol \cdot L^{-1}$	$H^+/mol \cdot L^{-1}$	$CN^-/mg \cdot L^{-1}$
碱浸液	12.41	35.64	2.93	1.24	—	1354
酸浸液	0.21	0.18	0.35	—	4.27	
碱熔水洗液	0.38	0.29	0.12	0.136		
碱熔-酸浸液	4.56	5.38	0.07	—	3.56	

5.2.1.2　实验步骤

根据表 5-5 中多种废水离子成分分析结果可知，废水无害化处置过程可选择单独处理某一类废液，也可选择多类废液混合后处理混合液。为降低实验操作难度，将不能循环再利用的废液混合后进行统一处理。废液无害化处置步骤如下：

（1）将碱浸液与酸浸液按一定比例混合后重新测定离子组分及含量；

（2）加入石灰脱除废液中的可溶 F^-，选择石灰添加量过量，室温状态下搅拌放置 24h 以上，过滤分离；

（3）向脱氟后废液中通入二氧化碳气体，碳分析出氢氧化铝颗粒，通过控制气体流速可获得不同粒径的氢氧化铝粉体，过滤分离；

（4）将脱铝后废液蒸发结晶得到碳酸钠晶体，水蒸气可循环利用。

5.2.2　废水中有价元素的提取

5.2.2.1　废水混合

废液混合过程主要化学反应有：

$$OH^- + H^+ \Longrightarrow H_2O \tag{5-2}$$

$$Al^{3+} + 3OH^- \Longrightarrow Al(OH)_3(s) \tag{5-3}$$

$$Al(OH)_3 + OH^- \Longrightarrow Al(OH)_4^- \tag{5-4}$$

$$Ca^{2+} + 2F^- \Longrightarrow CaF_2(s) \tag{5-5}$$

为了下一步废液处理的进行，控制碱熔废液和酸浸废液的量，保证混合后废液呈碱性。

5.2.2.2 固氟

针对溶液中含有的可溶 F^-，采用添加固体氧化钙的方式进行化学沉淀法[160]固氟处理。

溶液中有 OH^-，选择添加石灰，发生的化学反应有：

$$Ca^{2+} + 2F^- \Longrightarrow CaF_2(g) \tag{5-5}$$

$$CaO + H_2O \Longrightarrow Ca(OH)_2 \tag{5-6}$$

$$Ca(OH)_2 \Longrightarrow Ca^{2+} + 2OH^- \tag{5-7}$$

$Ca(OH)_2$ 在水溶液中的溶解度很低（20℃时，每 100g 水中溶解 0.16g），CaO 固氟的实验过程持续时间较长。添加石灰固氟的优势[161]在于：既提供了 Ca^{2+} 与 F^- 反应实现可溶氟的固定，又不引入杂质离子。基于 $Ca(OH)_2$ 在水溶液中的溶解度随温度升高呈降低趋势，废水处理脱氟过程可在添加 CaO 后静置一段时间产生沉淀，其沉淀 XRD 图如图 5-15 所示。图 5-15 中，沉淀中主要组分为 CaF_2 和 $Ca(OH)_2$，其他杂质元素如 Si、Al 等因含量较低未能在 XRD 图中呈现。

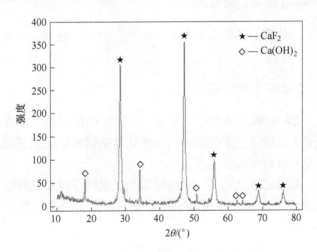

图 5-15 废水固氟沉淀 XRD 图

5.2.2.3 铝的提取

铝在碱性溶液中的存在状态是 $Al(OH)_4^-$，含量较低，可在多次富集后通入二氧化碳气体产生氢氧化铝沉淀，该工艺属于氧化铝生产中的碳分过程[162]，技术成熟。通入二氧化碳也可以除去溶液中的 OH^-，见式（5-8）和式（5-9）。

$$2OH^- + CO_2 \Longrightarrow CO_3^{2-} + H_2O \tag{5-8}$$

$$2Al(OH)_4^- + CO_2 = 2Al(OH)_3\downarrow + CO_3^{2-} + H_2O \qquad (5\text{-}9)$$

废水处理过程中"提铝"步骤产生的沉淀 XRD 图如图 5-16 所示。

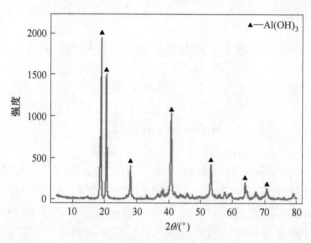

图 5-16　废水提铝沉淀 XRD 图

5.2.2.4　碳酸钠蒸发结晶

经固氟、提铝处理后的废水中主要溶解化合物为碳酸钠，碳酸钠的蒸发结晶实验不再赘述。

5.2.2.5　氰根离子的处理

表 5-5 中，废阴极碱浸液中可检测到一定含量的氰根离子的存在，而碱熔水洗液中氰根离子含量较低，未能检测出。氰化物是铝电解废阴极炭块中存在的有害物质，需要对其进行无害化处理。

针对溶液中溶解的氰化物，一般选择添加氧化剂进行氧化脱除。文献 [163] 表明，双氧水和漂白粉均对氰根离子具有较好的除杂效果，见式（5-10）和式（5-11）。

$$CN^- + H_2O_2 = CNO^- + H_2O \qquad (5\text{-}10)$$

$$2CN^- + 5ClO^- + 2OH^- = 2CO_3^{2-} + 5Cl^- + N_2 + H_2O \qquad (5\text{-}11)$$

漂白粉的主要成分是 $CaCl_2$ 和 $Ca(ClO)_2$，添加漂白粉除去 CN^- 的同时也加入了钙盐实现了 F^- 的固化脱除。

文献 [14] 表明，氰化物在 200℃即可与空气中氧气反应被分解成 CO_2 和 N_2，300℃时可实现 99% 以上氰化物的氧化脱除，反应化学方程式见式（5-12）和式（5-13）。本书中，碱熔过程加热温度 600℃，处理后碱熔料水洗废液中 CN^- 含量较低，达到了排放标准。

$$4NaCN + 5O_2 \Longrightarrow 2Na_2O + 2N_2 + 4CO_2 \qquad (5\text{-}12)$$
$$4Na_4Fe(CN)_6 + 31O_2 \Longrightarrow 8Na_2O + 2Fe_2O_3 + 24CO_2 + 12N_2 \quad (5\text{-}13)$$

式（5-12）和式（5-13）在碱熔加热条件（300~700℃）的吉布斯自由能随温度变化趋势图如图 5-17 所示。由图中氰化物在加热环境下与氧气反应的吉布斯自由能变化图可知，在温度为 300~700℃ 之间，氰化物可被氧化生成无毒性气体。选择碱熔过程不同升温曲线与保护气氛，考查碱熔过程高温对废阴极中氰化物的脱除效率，碱熔过程升温曲线如图 5-18 所示。

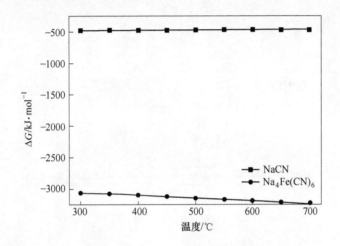

图 5-17 废阴极中氰化物加热氧化过程 ΔG-T 图

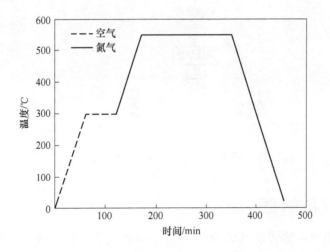

图 5-18 碱熔过程加热脱氰升温曲线

经碱熔高温氧化脱氰处理后的废阴极炭粉，按照《危险废物鉴别标准　浸出毒性鉴别》（GB 5085.3—2007）中所述固体废物中氰根离子检测方法，测得处理后废阴极中氰根离子含量为 3.52mg/L，符合国家排放标准。

5.2.3　废水处理工艺流程的确定

根据第 5.2.1 节中实验步骤和第 5.2.2 节中废水有价元素提取实验，可以得知：废水处理工艺主要分为混合、固氟、提铝、蒸发结晶等步骤，其工艺流程如图 5-19 所示。

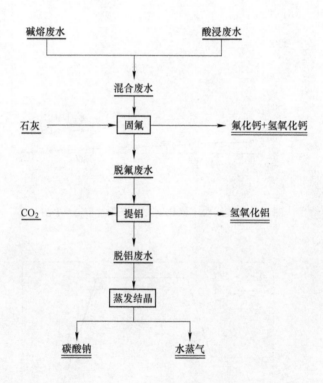

图 5-19　废水处理工艺流程图

5.3　综合工艺流程图

基于上述超声波辅助碱熔-酸浸处理铝电解废阴极以提纯炭粉的实验过程，以及对所产生废水中非碳有价元素的提取回收实验研究，可明确铝电解废阴极炭深度纯化综合工艺流程如图 5-20 所示。

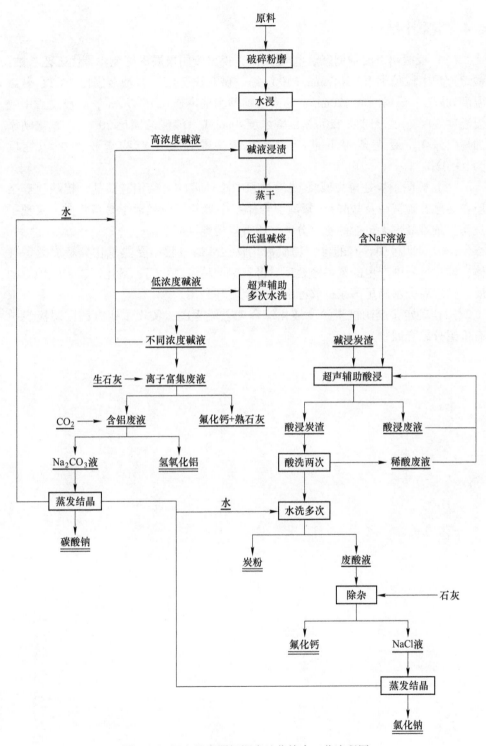

图 5-20 铝电解废阴极深度纯化综合工艺流程图

5.4　本章小结

（1）根据超声波辅助碱熔-酸浸实验，得出废阴极炭深度纯化最优工艺参数：碱熔过程中粒径小于0.147mm（100目）、碱灰比7∶1、浸渍液固比2∶1、碱熔温度600℃、碱熔时间120min、超声波辅助水洗声强0.75W/cm^2，酸浸过程中酸浸温度60℃、酸浸时间120min、酸浓度4mol/L、酸浸液固比20∶1、氟化钠添加量15g/L。最优条件下进行重复实验，得到最终产物炭粉的平均纯度为99.02%。

（2）废阴极炭在常规碱浸-酸浸过程中难处理的复杂铝硅酸盐、铝酸盐等杂质在熔融态碱液中及盐酸+氢氟酸混合体系中参与反应生成了易溶物质，实现了炭与复杂难处理无机盐的有效分离，所得炭粉纯度高。

（3）废阴极中含有的毒害物质氰化物在碱熔过程中受热氧化分解成无害气体，纯化过程中产生的废水经处理后得到副产品氢氧化铝、氟化钙、碳酸钠等物质，处理后废水满足国家排放标准且实现循环利用。

（4）确定了废阴极炭深度纯化综合工艺流程图，实现了铝电解废阴极炭中有价组分综合回收。

6 废阴极炭深度纯化过程关键反应机理初步研究

<<<<<<<<<<<<<<<<<<<<<<<<<<<<<<<<<<<<<<<<<<<<<<<<<<<<<<<<<<<<<<<<<<<<<<

通过对铝电解废阴极进行碱熔-酸浸深度纯化可以获得纯度为 99% 的炭粉。第 5 章深度纯化实验过程中，仅对纯化后炭粉的纯度进行了宏观表征，没有涉及废阴极炭中复杂多样化无机盐化合物在除杂过程中的关键反应机理研究，因此，需要进一步研究炭粉纯化过程的基础理论。

铝电解阴极服役过程所处环境较为恶劣，上有高温熔盐、金属铝液侵蚀，下有复杂无机盐材料交融，导致废阴极炭块中的非碳无机盐杂质具有复杂多样、含量不均、高温稳定等特性[164]。该书中，选择了 XRD 分析原料中物相组分，但 XRD 分析因其局限性，含量低于 5% 的物相不能清晰准确地检测表征，因此，铝电解废阴极中无机盐杂质的种类和数量也从未完全明确。为了尽可能厘清废阴极中杂质种类及其在碱熔酸浸过程中的反应机理，参考多项文献[20,73]中有关铝电解废阴极中杂质的分析以及第 3 章中工艺矿物学分析部分，尽可能多地探析可能存在的杂质在反应过程中发生的可行性。

6.1 实验部分

实验原料与第 5 章中相同，以第 5.1.1.2 节中所述实验步骤进行碱熔实验，碱熔炭粉经水洗、干燥后取部分炭粉烧灰，分别对炭粉和灰分进行 XRD 分析。根据正交实验结果，碱熔过程中温度和碱料比对废阴极纯化效果的影响较为显著；同时碱熔工艺中温度的升高可以有效促进碱的熔融相变，实验过程中选择过量碱料比，考查不同温度作用下碱熔处理渣中物相转变，分析推断杂质与氢氧化钠的关键反应方程式，探析废阴极炭深度纯化机理。

6.2 关键反应机理研究

6.2.1 碱浸过程杂质反应机理

溶液中离子存在的形式及其含量的多少与温度、溶液 pH 值、离子浓度和其他离子等因素有关，这其中最重要的影响因素为 pH 值。某些金属离子如 Zn^{2+}、Al^{3+}，在酸性溶液体系中以水合阳离子形式存在，在中性溶液体系中以水解的氢氧化物沉淀及其他平衡的羟基络合离子存在，在碱性溶液体系中则以阴离子形式存在。离子存在形式及含量与溶液中各种条件之间存在一定的平衡关系，这种关系可以通过热力学计算和测量分析最终以图表形式表示，即为离子分布图 lgα-pH 图。lgα-pH 图可以直观展示一定程度上简化反应体系的平衡关系。

6.2.1.1　Al-H$_2$O 系 lgα-pH 图

由元素分析与物相分析结果可知，元素 Al 虽然不是铝电解废阴极中最主要的元素，但却是多种无机化合物的组成元素，如碳化铝、氮化铝、氢氧化铝、氧化铝、冰晶石、β-氧化铝、铝硅酸钠及其他多种铝硅酸盐；可以说，是 Al 元素使废阴极中无机盐杂质复杂多样化。因此，元素 Al 是废阴极纯化处理过程中的重要关注点，也是有效提高纯化效果的突破点。如何将铝及其化合物在溶液中形成可溶性离子是废阴极回收高纯炭粉的核心思想。

废阴极中含有的氧化铝、氢氧化铝、氮化铝、碳化铝等物质在氢氧化钠溶液中可以轻易脱除，且碱熔炭粉冷却后的水洗过程可看作氢氧化钠溶液对原料的多步碱浸处理。因此，4 种铝化合物在碱熔过程中的反应机理可通过 Al-H$_2$O 系离子分布图来解释。

铝在 Al-H$_2$O 体系中的化学反应和化学平衡常数见表 6-1，表中的热力学数据参考自《高温水溶液热力学数据计算手册》[165]和《兰氏化学手册》[166]。本书中只考虑铝在 Al-H$_2$O 体系中最主要的离子 Al^{3+}、Al(OH)$^{2+}$、Al(OH)$_2^+$、Al(OH)$_{3(sol)}$、Al(OH)$_4^-$，更多的羟基络合离子因离子浓度较低、热力学数据缺乏等原因不予分析。

表 6-1　Al-H$_2$O 体系反应方程及相应热力学数据（25℃）

序号	方　程　式	$\Delta G/\text{kJ} \cdot \text{mol}^{-1}$	lg$K$
1	Al^{3+} + H$_2$O $=\!=\!=$ Al(OH)$^{2+}$ + H$^+$	21.89	-3.84
2	Al^{3+} + 2H$_2$O $=\!=\!=$ Al(OH)$_2^+$ + 2H$^+$	52.37	-9.18
3	Al^{3+} + 3H$_2$O $=\!=\!=$ Al(OH)$_{3(sol)}$ + 3H$^+$	85.88	-15.05
4	Al^{3+} + 4H$_2$O $=\!=\!=$ Al(OH)$_4^-$ + 4H$^+$	136.49	-23.92

根据表 6-1 中方程式和热力学数据进行计算得：

$$K_1 = c_{\text{Al(OH)}^{2+}} \times c_{\text{H}^+}/c_{\text{Al}^{3+}} \tag{6-1}$$

$$K_2 = c_{\text{Al(OH)}^{2+}} \times c_{\text{H}^+}^2/c_{\text{Al}^{3+}} \tag{6-2}$$

$$K_3 = c_{\text{Al(OH)}_3} \times c_{\text{H}^+}^3/c_{\text{Al}^{3+}} \tag{6-3}$$

$$K_4 = c_{\text{Al(OH)}_4^-} \times c_{\text{H}^+}^4/c_{\text{Al}^{3+}} \tag{6-4}$$

式 (6-1)~式 (6-4) 变形可得：

$$c_{\text{Al(OH)}^{2+}} = K_1 \times c_{\text{Al}^{3+}}/c_{\text{H}^+} = 10^{\text{pH}-3.84} \times c_{\text{Al}^{3+}} \tag{6-5}$$

$$c_{Al(OH)^{2+}} = K_2 \times c_{Al^{3+}}/c_{H^+}^2 = 10^{2 \times pH - 9.18} \times c_{Al^{3+}} \tag{6-6}$$

$$c_{Al(OH)_3} = K_3 \times c_{Al^{3+}}/c_{H^+}^3 = 10^{3 \times pH - 15.05} \times c_{Al^{3+}} \tag{6-7}$$

$$c_{Al(OH)_4^-} = K_4 \times c_{Al^{3+}}/c_{H^+}^4 = 10^{4 \times pH - 23.92} \times c_{Al^{3+}} \tag{6-8}$$

溶液中溶解的 Al 元素总量为：

$$c_{Al(total)} = c_{Al^{3+}} + c_{Al(OH)^{2+}} + c_{Al(OH)_2^+} + c_{Al(OH)_3} + c_{Al(OH)_4^-} \tag{6-9}$$

计算并绘制 Al 元素不同离子在 Al-H$_2$O 体系中离子分布，如图 6-1 所示。

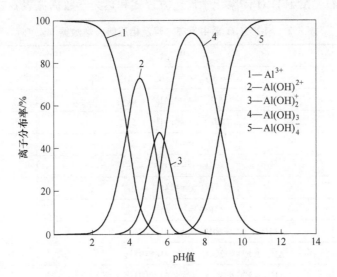

图 6-1　Al-H$_2$O 系中离子分布图

由图 6-1 可知，在 Al-H$_2$O 体系中，pH 值在 0~14 区间内，离子 Al(OH)$^{2+}$、Al(OH)$_2^+$、Al(OH)$_{3(sol)}$ 呈现相同的变化趋势：先从零增大到顶值后降低到零的峰型趋势；而 Al^{3+}、Al(OH)$_4^-$ 的离子分布规律曲线呈相反趋势：Al^{3+} 含量占比从100%逐渐降低到零，而 Al(OH)$_4^-$ 含量则由零增大到 100%。不同离子在 Al-H$_2$O 系中分布率可通过调节溶液 pH 值来实现[167]。当 pH = 0~1 时，强酸性溶液中，Al 以 Al^{3+} 形式存在；随着 pH 值的增大，Al^{3+} 发生水合作用，Al(OH)$^{2+}$ 开始出现并逐渐增多，表 6-1 中式 1 即这一阶段的化学反应方程式；pH 值继续增大，溶液中 Al(OH)$_2^+$ 浓度随之增大，会促使表 6-1 中式 2 反应的发生，消耗了 Al(OH)$^{2+}$ 的同时产生了 Al(OH)$_2^+$，两种离子含量此消彼长，分布规律呈相反趋势；pH 值进一步增大，促进了表 6-1 中式 3 和式 4 反应的发生，使得离子 Al(OH)$^{2+}$、Al(OH)$_2^+$、Al(OH)$_{3(sol)}$ 分布率呈先增后减趋势，一系列反应集中于方程式 4（见表 6-1）导致溶液中 Al^{3+} 随 pH 值升高全部转化为 Al(OH)$_4^-$。图 6-1 中，当 pH>7 即溶液呈碱性时，Al(OH)$_4^-$ 开始出现并逐渐扩大其分布率，pH 值的增大有利于 Al(OH)$_4^-$ 含量的增大，说明强碱性溶液可以有效实现 Al、Al_2O_3、$Al(OH)_3$ 等化合物的溶解并生成 $Al(OH)_4^-$。Al-H_2O 系中离子分布图再一次印证了氢氧化钠碱液浸出分离铝电解废阴极炭块中部分铝化合物的合理性。

6.2.1.2　Al-F-H_2O 系 lgα-pH 图

冰晶石是铝电解废阴极炭块中重要的无机盐杂质之一，选择氢氧化钠溶液浸出分离冰晶石，Al-F-H_2O 体系化学反应方程式和热力学数据见表 6-2。

表 6-2　Al-F-H_2O 系中反应方程及相应热力学数据（25℃）

序号	方　程　式	lg$K$
1	$Na_3AlF_6 \rightleftharpoons 3Na^+ + Al^{3+} + 6F^-$	-33.4
2	$AlF_6^{3-} \rightleftharpoons Al^{3+} + 6F^-$	-26.5
3	$AlF_5^{2-} \rightleftharpoons Al^{3+} + 5F^-$	-20.6
4	$AlF_4^- \rightleftharpoons Al^{3+} + 4F^-$	-19.4
5	$AlF_3 \rightleftharpoons Al^{3+} + 3F^-$	-16.8
6	$AlF_2^+ \rightleftharpoons Al^{3+} + 2F^-$	-12.7
7	$AlF^{2+} \rightleftharpoons Al^{3+} + F^-$	-7.0
8	$Al^{3+} + F^- + OH^- \rightleftharpoons AlF(OH)^+$	1.4
9	$Al^{3+} + F^- + 2OH^- \rightleftharpoons AlF(OH)_2$	-4.9
10	$Al^{3+} + F^- + 3OH^- \rightleftharpoons AlF(OH)_3^-$	-11.9
11	$Al^{3+} + 2F^- + OH^- \rightleftharpoons AlF_2(OH)$	6.1
12	$Al^{3+} + 2F^- + 2OH^- \rightleftharpoons AlF_2(OH)_2^-$	-0.8
13	$Al^{3+} + 3F^- + OH^- \rightleftharpoons AlF_3(OH)^-$	9.6
14	$Al^{3+} + OH^- \rightleftharpoons Al(OH)^{2+}$	-5.0
15	$Al^{3+} + 2OH^- \rightleftharpoons Al(OH)_2^+$	-10.1
16	$Al^{3+} + 3OH^- \rightleftharpoons Al(OH)_3$	-16.8
17	$Al^{3+} + 4OH^- \rightleftharpoons Al(OH)_4^-$	-23.0
18	$HF \rightleftharpoons H^+ + F^-$	-3.17
19	$HF_2^- \rightleftharpoons H^+ + 2F^-$	-3.67
20	$H^+ + OH^- \rightleftharpoons H_2O$	14.0

溶液中元素 Al、F 的物料平衡和带电物质的电荷平衡见式（6-10）~式（6-12）。

$$c_{Al(total)} = c_{Al^{3+}} + c_{AlF^{2+}} + c_{AlF_2^+} + c_{AlF_3} + c_{AlF_4^-} + c_{AlF_5^{2-}} + c_{AlF_6^{3-}} + c_{AlF(OH)^+} +$$
$$c_{AlF(OH)_2} + c_{AlF(OH)_3^-} + c_{AlF_2(OH)} + c_{AlF_2(OH)_2^-} + c_{AlF_3(OH)^-} +$$
$$c_{Al(OH)^{2+}} + c_{Al(OH)_2^+} + c_{Al(OH)_3} + c_{Al(OH)_4^-} \tag{6-10}$$

$$c_{F(total)} = c_{F^-} + c_{AlF^{2+}} + 2 \times c_{AlF_2^+} + 3 \times c_{AlF_3} + 4 \times c_{AlF_4^-} + 5 \times c_{AlF_5^{2-}} +$$
$$6 \times c_{AlF_6^{3-}} + c_{AlF(OH)^+} + c_{AlF(OH)_2} + c_{AlF(OH)_3^-} + 2 \times c_{AlF_2(OH)} +$$
$$2 \times c_{AlF_2(OH)_2^-} + 3 \times c_{AlF_3(OH)^-} + c_{HF} + 2 \times c_{HF_2^-} \tag{6-11}$$

$$c_{F^-} + c_{AlF_4^-} + 2 \times c_{AlF_5^{2-}} + 3 \times c_{AlF_6^{3-}} + c_{AlF(OH)_3^-} + c_{AlF_2(OH)_2^-} + c_{AlF_3(OH)^-} +$$
$$2 \times c_{HF_2^-} + c_{OH^-} = 3 \times c_{Al^{3+}} + 2 \times c_{AlF^{2+}} + c_{AlF_2^+} + c_{AlF(OH)^+} + 2 \times c_{Al(OH)^{2+}} +$$
$$c_{Al(OH)_2^+} + c_{H^+} + c_{Na^+} \tag{6-12}$$

计算并绘制 Al-F-H$_2$O 系离子分布图，如图 6-2 所示。

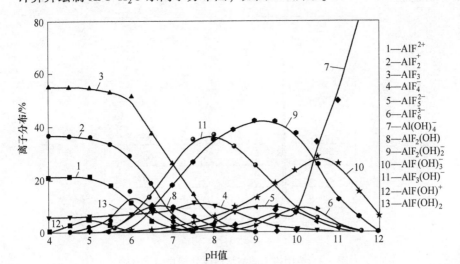

图 6-2 Al-F-H$_2$O 系离子分布图

冰晶石在溶液中发生多步水解反应，化学方程式（4-3）为表 6-2 中方程式的综合方程。通过图 6-2 中不同离子在 Al-F-H$_2$O 体系离子分布图可以得知，冰晶石水解产生的不同 Al-F 离子和 Al-F-OH 离子在 pH 值为 4~12 时，除 Al(OH)$_4^-$ 外其他离子均呈先增大后减小的峰型变化趋势，大部分离子在此 pH 值区间内离子分布率降为零，只有 Al(OH)$_4^-$ 的分布率随 pH 值增大呈增长趋势。冰晶石在不同 pH 值条件下产生的 Al-F 离子和 Al-F-OH 离子随着 pH 值的增大逐渐转变为 Al(OH)$_4^-$，这些离子变化趋势解释了冰晶石在碱液中水解反应写作方程式（4-3）的原因。通过 Al-F-H$_2$O 系离子分布图分析可知，冰晶石在 pH 值高于 10 即强碱性溶液中，若反应时间足够长、反应物碱量足够多，冰晶石将会完全溶解并转化为可溶性物质 NaAl(OH)$_4$。因此，为了脱除铝电解废阴极炭块中的冰晶石以纯化碳质材料，选择强碱性溶液将冰晶石转化为可溶性物质 NaAl(OH)$_4$ 是一种合理有效的方式[131,168]。

6.2.2　碱熔过程杂质反应机理

6.2.2.1　杂质相变关键反应推测

铝电解废阴极中含有的多种铝酸盐、硅酸盐、铝硅酸盐等不能在氢氧化钠溶液中分解为水溶性离子，但可在熔融态氢氧化钠中与碱发生反应，产生水溶性或酸溶性物质。图 6-3 和图 6-4 分别为不同碱熔温度作用下废阴极碱熔炭粉 XRD 图及其高温烧灰灰分 XRD 图。图 6-5 所示为 Na_2O-SiO_2-Al_2O_3 体系三元相图[169]。

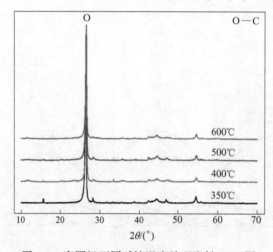

图 6-3　废阴极不同碱熔温度处理炭粉 XRD 图

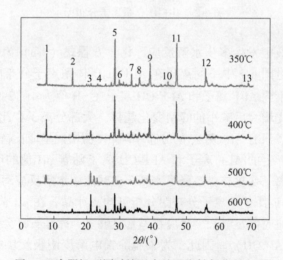

图 6-4　废阴极不同碱熔温度处理炭粉灰分 XRD 图

1—$NaAl_{11}O_{17}$；2—Na_3AlF_6；3—$NaAlSiO_4$；4—$NaAlSiO_4$；5—$NaAlSi_3O_8$；6—$Al_2Si_2O_7$；

7—$3Al_2O_3 \cdot 2SiO_2$；8—$Na_2Al_{22}O_{34}$；9—高岭石；10—SiO_2；11—CaF_2；12—Al_2SiO_5；13—Al_2SiO_5

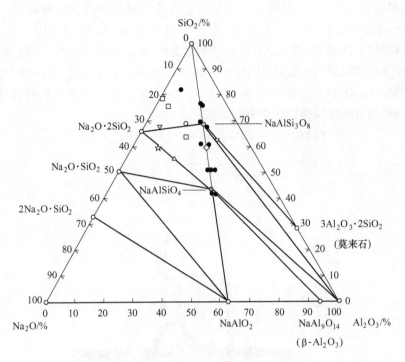

图 6-5　$Na_2O\text{-}SiO_2\text{-}Al_2O_3$ 体系三元相图

　　不同温度下废阴极碱熔处理后炭粉中虽然存在物相转变与杂质含量差异,在图 6-3 中,碱熔炭粉 XRD 分析结果并不明显,炭峰强度过高掩盖了其他物相随反应温度的变化趋势,因此,需要对碱熔炭粉进行烧灰后分析。炭粉高温脱炭过程中不可避免地存在物相转变,但因为单一物相含量较低时 XRD 分析并不能准确地表征,而碱熔炭粉无机盐灰分总含量低于 8%,因此,未对炭粉及其灰分 XRD 图进行对比分析,只能根据废阴极工艺矿物学检测结果、现有文献、物相相图等假设可能存在的物相转变并根据热力学计算验证反应发生的可能性。

　　在图 6-4 中,对每一个明显峰进行了编号,分别为 1~13,将不同温度下每个峰放大,通过峰强变化推测物相变化量,基于图 6-5 中 $Na_2O\text{-}SiO_2\text{-}Al_2O_3$ 体系三元相图、参考既有文献,假设可能发生的化学反应,再根据热力学分析验证反应发生的可能性。黄继武等人[170]研究发现,多物相混合物中任何一个相在混合物中所占质量分数(或体积分数)与该物相的衍射强度并不完全呈线性关系,但一定条件下其质量分数可通过该物相衍射强度定性表示。

　　在图 6-4 中,峰 1 为物相 $NaAl_{11}O_{17}$,即 $\beta\text{-}Al_2O_3$。图 6-6 所示为 $NaAl_{11}O_{17}$ 峰在不同碱熔温度作用下与 NaOH 反应后的峰强变化图。由图可知,随着碱熔温度的逐渐升高,杂质 $\beta\text{-}Al_2O_3$ 峰衍射强度变化明显,从 350℃时最大值 573 降低到

600℃时的 165，可以得出结论：$NaAl_{11}O_{17}$ 在碱熔过程中含量明显降低。根据图 6-5 中 Na_2O-SiO_2-Al_2O_3 系三元相图进行分析，当 Na_2O 与 Al_2O_3 质量比为 62∶1122时，在相图中 Na_2O-Al_2O_3 线可能出现物相 $NaAl_{11}O_{17}$，当质量比为 62∶102时，在相图中 Na_2O-Al_2O_3 线可能出现 $NaAlO_2$；$NaAlO_2$ 比 β-Al_2O_3 更倾向于相图中 Na_2O 原点，意味着 β-Al_2O_3 与 NaO 结合后可能形成新物质 $NaAlO_2$。$NaAl_{11}O_{17}$ 与 NaOH 反应的化学方程式推测为：

$$NaAl_{11}O_{17} + 10NaOH === 11NaAlO_2 + 5H_2O \qquad (6-13)$$

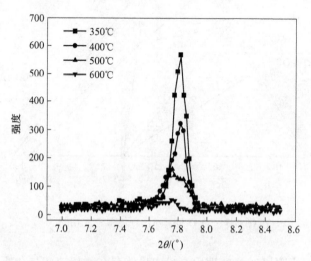

图 6-6 峰 1（$NaAl_{11}O_{17}$）放大图

图 6-7 所示为废阴极中杂质冰晶石（Na_3AlF_6）在碱熔过程中的物相转变及衍射峰强度变化趋势图。冰晶石可与氢氧化钠溶液反应生成可溶性离子从而与炭基体分离，其反应过程为多步水解过程，见表 6-2 中列出的方程式。在图 6-7 中，冰晶石的物相峰强变化较小，由350℃时 315 降低到600℃时 86，且温度400℃以上对应的最大峰强相差较小，说明400℃以上时碱熔处理后的废阴极中杂质冰晶石的含量较低，冰晶石可能在碱熔后水洗过程中通过溶液中的碱反应脱除。冰晶石在碱熔过程中的相变反应方程式可能为：

$$Na_3AlF_6 + 4NaOH === NaAlO_2 + 6NaF + 2H_2O \qquad (6-14)$$
$$6NaF + 3SiO_2 + 2Al_2O_3 === 3NaAlSiO_4 + Na_3AlF_6 \qquad (6-15)$$
$$6NaF + 9SiO_2 + 2Al_2O_3 === 3NaAlSi_3O_8 + Na_3AlF_6 \qquad (6-16)$$

图 6-4 中编号 3 和 4 的峰均为物相 $NaAlSiO_4$。$NaAlSiO_4$ 是多种矿物的主要组成部分，如沸石即为一种具有多孔结构的 $NaAlSiO_4$ 物质。图 6-8 和图 6-9 所示为 $NaAlSiO_4$ 峰强变化趋势。Na_2O-SiO_2-Al_2O_3 系相图中，$NaAlSiO_4$ 位于相图内部约几何中心位置，可看作 Na_2O-$2SiO_2$-Al_2O_3 的结合形式。单纯依据相图分析，

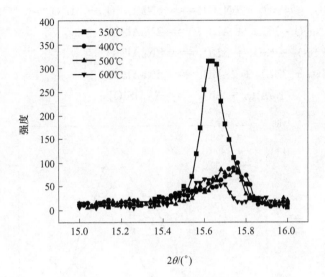

图 6-7 峰 2 （Na₃AlF₆） 放大图

NaAlSiO₄ 既可为 Na₂O-SiO₂-Al₂O₃ 三相反应产物，也可为其他反应的中间产物，或者其他物质与 Na₂O 反应产物。根据图 6-8 和图 6-9 中峰强变化，可将 NaAlSiO₄ 视为碱熔过程化学反应最终产物，其可能存在的生成反应化学方程式见式 （6-15）、式 （6-17）~式 （6-24）：

$$2NaOH + 2SiO_2 + Al_2O_3 \rule[0.5ex]{2em}{0.4pt} 2NaAlSiO_4 + H_2O \qquad (6\text{-}17)$$

$$NaAlSi_3O_8 \rule[0.5ex]{2em}{0.4pt} NaAlSiO_4 + 2SiO_2 \qquad (6\text{-}18)$$

$$NaAlSi_3O_8 + 4NaOH \rule[0.5ex]{2em}{0.4pt} NaAlSiO_4 + 2Na_2SiO_3 + 2H_2O \qquad (6\text{-}19)$$

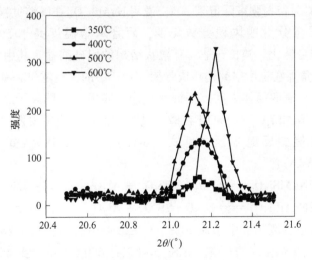

图 6-8 峰 3 （NaAlSiO₄） 放大图

$$3Al_2O_3 \cdot 2SiO_2 + 4SiO_2 + 6NaOH \Longrightarrow 6NaAlSiO_4 + 3H_2O \qquad (6\text{-}20)$$

$$Na_2O \cdot 2SiO_2 + Al_2O_3 \Longrightarrow 2NaAlSiO_4 \qquad (6\text{-}21)$$

$$Na_2O \cdot SiO_2 + SiO_2 + Al_2O_3 \Longrightarrow 2NaAlSiO_4 \qquad (6\text{-}22)$$

$$2Na_2O \cdot SiO_2 + 3SiO_2 + 2Al_2O_3 \Longrightarrow 4NaAlSiO_4 \qquad (6\text{-}23)$$

$$NaAlO_2 + SiO_2 \Longrightarrow NaAlSiO_4 \qquad (6\text{-}24)$$

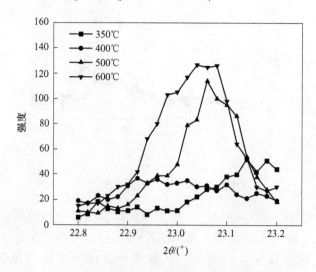

图 6-9　峰 4（$NaAlSiO_4$）放大图

图 6-10 所示为废阴极中杂质钠长石 $NaAlSi_3O_8$ 在碱熔中的物相转变及峰强变化趋势图。图中，钠长石的物相衍射峰强度在温度 350～500℃ 区间时降低幅度较小，温度 600℃ 时衍射强度降低到 305，说明 $NaAlSi_3O_8$ 在碱熔过程中发生了物相转变导致其质量分数或体积分数降低，而且碱熔温度高于 500℃ 时有利于 $NaAlSi_3O_8$ 的相变转化。钠长石是具有架状结构的铝硅酸盐，其中的硅（铝）氧四面体通过共角顶在三度空间连接成骨架，骨架中的大空隙包裹有钠离子。在化学上，硅（铝）氧四面体之间以桥键氧相连，四面体与钠离子之间以非桥键氧相接。钠长石 $NaAlSi_3O_8$ 与 NaOH 在碱熔过程的流体反应主要发生在桥键氧和非桥键氧上，可能的反应方程式见式（6-16）、式（6-18）～式（6-19）及式（6-25）～式（6-26）：

$$2NaAlSi_3O_8 \Longrightarrow Na_2O \cdot 2SiO_2 + Al_2O_3 \cdot SiO_2 + 3SiO_2 \qquad (6\text{-}25)$$

$$2NaAlSi_3O_8 \Longrightarrow Na_2O \cdot 2SiO_2 + Al_2O_3 \cdot 2SiO_2 + 2SiO_2 \qquad (6\text{-}26)$$

图 6-11 所示为废阴极中杂质 $Al_2Si_2O_7$ 在碱熔中的物相转变及峰强变化趋势图。图中，随着碱熔温度的升高，$Al_2Si_2O_7$ 峰强在 600℃ 时降低到 45，可以看作该种物质已经基本除去，剩余量微量。$Al_2Si_2O_7$ 在碱熔过程中发生了相变转化，推

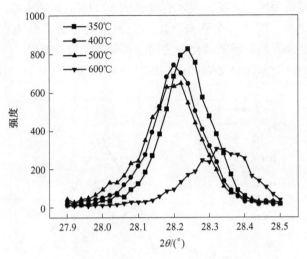

图 6-10 峰 5（NaAl Si_3O_8）放大图

测其与 NaOH 之间的反应方程式有：

$$Al_2Si_2O_7 + 2NaOH \mathbin{=\!=\!=} 2NaAlSiO_4 + H_2O \tag{6-27}$$

$$Al_2Si_2O_7 + 6NaOH \mathbin{=\!=\!=} 2NaAlO_2 + 2Na_2SiO_3 + 3H_2O \tag{6-28}$$

$$Al_2Si_2O_7 + 4NaOH \mathbin{=\!=\!=} 2NaAlO_2 + Na_2Si_2O_5 + 2H_2O \tag{6-29}$$

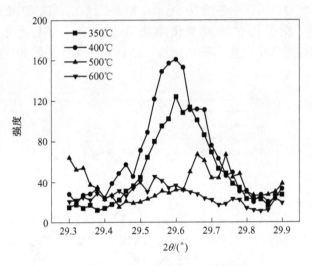

图 6-11 峰 6（$Al_2Si_2O_7$）放大图

图 6-12 所示为废阴极中杂质莫来石 $3Al_2O_3 \cdot 2SiO_2$ 在碱熔中的物相转变及峰衍射强度变化趋势图。莫来石是铝电解槽内衬主要材料，在高温下会以熔融态进入阴极炭块中的裂缝或孔洞中，或与阴极底部粘连在一起，如图 3-6 所示。图

6-12 中，随着碱熔温度的升高，莫来石峰强在 500℃时降低到 42，可以看作该种物质已经基本除去。因"二次莫来石化"现象，莫来石不可能在碱熔过程中相变为高岭石。莫来石与熔融氢氧化钠之间的可能化学反应有：

$$3Al_2O_3 \cdot 2SiO_2 + 6NaOH + 4SiO_2 \Longrightarrow 6NaAlSiO_4 + 3H_2O \qquad (6-30)$$

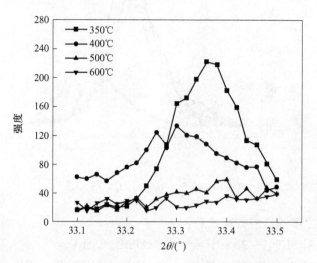

图 6-12   峰 7 （$3Al_2O_3 \cdot 2SiO_2$）放大图

图 6-13 所示为废阴极中杂质 $Na_2Al_{22}O_{34}$ 即 $NaAl_{11}O_{17}$ 在碱熔中的物相转变及峰强变化趋势图。根据图中峰强变化趋势可以得出，与上述分析过程相同，$Na_2Al_{22}O_{34}$ 在碱熔过程中发生了物相转变，杂质与 NaOH 之间的化学反应推测见式 (6-13)。

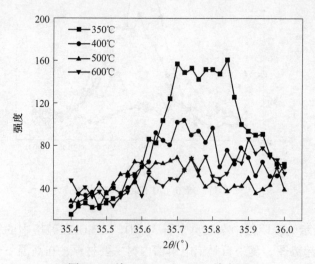

图 6-13   峰 8 （$Na_2Al_{22}O_{34}$）放大图

图 6-14 所示为废阴极中杂质高岭石在碱熔过程中的物相转变及峰强变化趋势图。高岭石是煤中常见的无机盐杂质。根据图中衍射强度变化趋势可以得出，当碱熔温度在 400℃ 以下时，高岭石的碱熔相变反应并不明显，物相峰强降低幅度小，随着碱熔温度的升高，高岭石的峰强降低幅度增强，说明物相转变增强，高岭石质量分数降低。高岭石在碱熔过程中发生了物相转变，与 NaOH 之间的化学反应推测为：

$$Al_2O_3 \cdot 2SiO_2 \cdot 2H_2O + 2NaOH === 2NaAlSiO_4 + 3H_2O \quad (6\text{-}31)$$

$$Al_2O_3 \cdot 2SiO_2 + 2NaOH === 2NaAlSiO_4 + H_2O \quad (6\text{-}32)$$

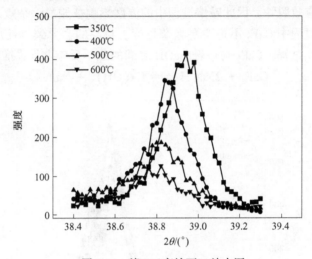

图 6-14　峰 9（高岭石）放大图

图 6-15 所示为杂质 SiO_2 在碱熔过程中的物相转变及峰强变化趋势图。SiO_2

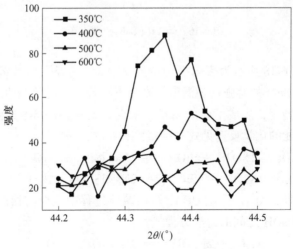

图 6-15　峰 10（SiO_2）放大图

在熔融碱中易发生反应，因此图 6-15 中 SiO_2 的峰强较低，可认为在 600℃ 条件下完成了有效脱除。SiO_2 与熔融氢氧化钠的化学反应为：

$$SiO_2 + 2NaOH = Na_2SiO_3 + H_2O \tag{6-33}$$

图 6-16 所示为废阴极中 CaF_2 峰随碱熔温度变化而峰强变化的趋势图，它是碱熔过程中一个比较重要的脱杂过程。图 6-16 中，当碱熔温度为 350℃ 时，CaF_2 峰最高点为 763，随着碱熔温度的升高，CaF_2 峰最高点逐渐下降，当碱熔温度升高到 600℃ 时，其峰最高点为 308。碱熔温度的升高有利于 CaF_2 的物相转变。在第 5 章废阴极深度提纯实验过程中，选择最佳实验温度 600℃，原因之一是 CaF_2 可以通过酸浸有效脱除，因此碱熔过程中的温度影响被酸浸除杂效果掩盖；另一个原因是碱熔过程中 CaF_2 不是主要除杂目标，更高的会导致能耗增加及铝硅酸盐的新物相转变过程。CaF_2 与熔融 NaOH 之间的化学反应方程式推测为：

$$CaF_2 + 2NaOH = Ca(OH)_2 + NaF \tag{6-34}$$

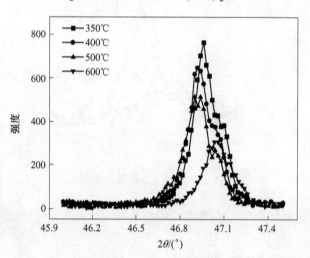

图 6-16　峰 11（CaF_2）放大图

图 6-17 和图 6-18 所示为废阴极中杂质 Al_2SiO_5 的峰强随碱熔温度变化趋势图。两图中，Al_2SiO_5 的峰强均随温度升高呈下降趋势，说明杂质 Al_2SiO_5 在碱熔过程中发生物相转变，生成了新的物相。根据三元相图图 6-5 推测 Al_2SiO_5 在熔融态 NaOH 中可能的化学反应见式（6-35）和式（6-36）。

$$Al_2SiO_5 + 2NaOH + SiO_2 = 2NaAlSiO_4 + H_2O \tag{6-35}$$

$$Al_2SiO_5 + 2NaOH + 5SiO_2 = 2NaAlSi_3O_8 + H_2O \tag{6-36}$$

除上述杂质外，Al_2O_3、$Al(OH)_3$ 等在碱熔过程中也会与熔融态 NaOH 发生反应，Al_2O_3 与 NaOH 之间的化学方程式为：

$$Al_2O_3 + 2NaOH = 2NaAlO_2 + H_2O \tag{6-37}$$

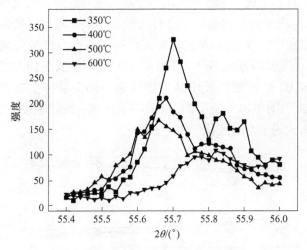

图 6-17 峰 12 （Al_2SiO_5） 放大图

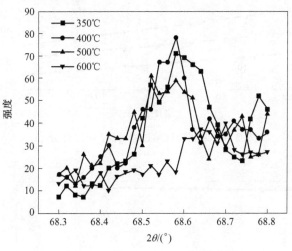

图 6-18 峰 13 （Al_2SiO_5） 放大图

6.2.2.2 反应可行性验证分析

为了理论分析碱熔过程中上述化学反应过程发生的可能性，以热力学计算软件 HSC Chemistry 6.0 中物质的热力学数据为基础，通过式 （4-6） 计算得到反应过程的吉布斯自由能随温度变化趋势如图 6-19 和图 6-20 所示，反应平衡常数 （取对数 $\lg K$） 随温度变化趋势如图 6-21 和图 6-22 所示。

由图 6-19 和图 6-20 可知，废阴极碱熔过程中，当反应温度在 300～700℃ 区间时，可能发生的化学反应 （式 （6-14）～式 （6-37）） 的吉布斯自由能值除式

（6-18）、式（6-25）及式（6-26）外均小于零，说明这一系列化学反应在碱熔过程中均可能发生，NaOH 熔融提取铝电解废阴极炭块中的无机盐杂质是可行且合理的。式（6-18）、式（6-25）及式（6-26）的吉布斯自由能值大于零，表明钠长石 $NaAlSi_3O_8$ 在碱熔实验条件下（300~700℃）不能发生如方程式中所述的分解反应，$NaAlSi_3O_8$ 最可能的反应是与熔融态 NaOH 反应生成 $NaAlSiO_4$，见式（6-19）。图 6-19 和图 6-20 中 $\Delta G\text{-}T$ 曲线表明了反应在既定温度下发生的可能性，需要通过其他方式进一步研究化学反应进程。

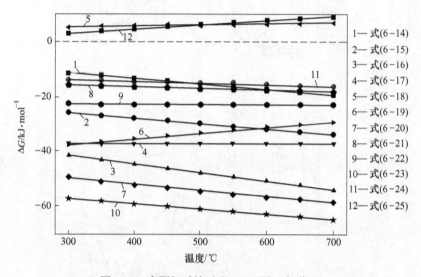

图 6-19 废阴极碱熔过程 $\Delta G\text{-}T$ 图（部分 1）

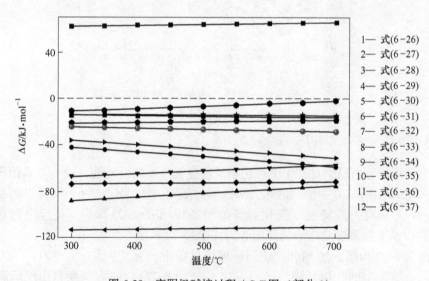

图 6-20 废阴极碱熔过程 $\Delta G\text{-}T$ 图（部分 2）

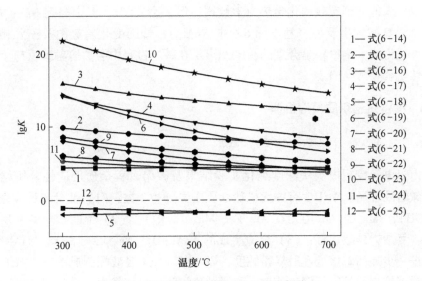

图 6-21　废阴极碱熔过程 lg$K$-T 图（部分 1）

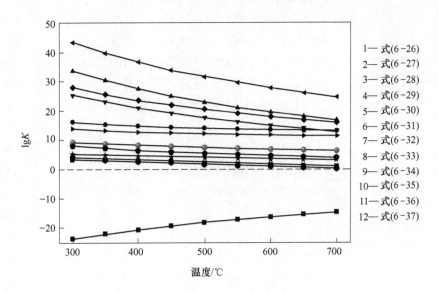

图 6-22　废阴极碱熔过程 lg$K$-T 图（部分 2）

在图 6-21 和图 6-22 中，因平衡常数较大，以 lg$K$ 代替。从图中可知，当温度在 300~700℃时，除式（6-18）、式（6-25）与式（6-26）外，式（6-14）~式（6-37）的 lg$K$ 均大于零。热力学理论中，平衡常数越大，化学反应越彻底。下降趋势的平衡常数曲线表明反应随着温度的升高而逆反应趋势增强。基于图 6-21 和图 6-22 分析，高温并不利于全部化学反应彻底进行。在式（6-13）中

$NaAl_{11}O_{17}$ 未能得到有效的化学热力学数据，但多个文献[68,113]中提到 $NaAl_{11}O_{17}$ 可与碱及氢氟酸发生反应，基于图 6-6 中 $NaAl_{11}O_{17}$ 峰强变化趋势图及三元相图分析，可认为式（6-13）是合理的，$NaAl_{11}O_{17}$ 在碱熔过程中会被熔融碱反应生成可水溶性化合物 $NaAlO_2$。

6.2.3　酸浸过程杂质反应机理

6.2.3.1　杂质相变关键反应推测

由铝电解废阴极炭块深度纯化实验结果及碱熔过程杂质反应性分析结果可知，碱熔处理后炭粉中含有的无机盐杂质主要分为 3 类：（1）部分未反应完全的 $Mn(OH)_2$、Mn_2O_x（Mn 为元素 Al、Fe、Mg、Ca 等）；（2）不能参与碱浸反应的 CaF_2、复杂铝硅酸盐等；（3）反应生成的 $NaAlSiO_4$、Na_2SiO_3、SiO_2、$NaAlO_2$ 等。为了进一步提高碱熔处理后炭粉纯度，以 NaF_2+HCl 溶液配制成的 HCl+HF 溶液体系对碱熔炭粉进行了深度纯化。酸浸纯化过程中可能发生的反应有：

$$Fe(OH)_3 + 3HCl = FeCl_3 + 3H_2O \tag{6-38}$$

$$Al(OH)_3 + 3HCl = AlCl_3 + 3H_2O \tag{6-39}$$

$$Mg(OH)_2 + 2HCl = MgCl_2 + 2H_2O \tag{6-40}$$

$$Ca(OH)_2 + 2HCl = CaCl_2 + 2H_2O \tag{6-41}$$

$$Fe_2O_3 + 6HCl = 2FeCl_3 + 3H_2O \tag{6-42}$$

$$Al_2O_3 + 6HCl = 2AlCl_3 + 3H_2O \tag{6-43}$$

$$MgO + 2HCl = MgCl_2 + H_2O \tag{6-44}$$

$$CaO + 2HCl = CaCl_2 + H_2O \tag{6-45}$$

$$CaF_2 + 2HCl = CaCl_2 + 2HF \tag{6-46}$$

$$NaAlSiO_4 + 4HCl = NaCl + AlCl_3 + SiO_2 + 2H_2O \tag{6-47}$$

$$SiO_2 + 6HF = H_2SiF_6 + 2H_2O \tag{6-48}$$

$$CaSiO_3 + 6HF = CaSiF_6 + 3H_2O \tag{6-49}$$

$$H_2SiO_3 + 4HF = SiF_4(g) + 3H_2O \tag{6-50}$$

$$Na_2SiO_3 + 2HCl = 2NaCl + H_2SiO_3 \tag{6-51}$$

$$CaSiF_6 + 2HCl = H_2SiF_6 + CaCl_2 \tag{6-52}$$

$$H_2SiF_6 = SiF_4 + 2HF \tag{6-53}$$

$$NaAl_{11}O_{17} + 34HF = NaF + 11AlF_3 + 17H_2O \tag{6-54}$$

6.2.3.2　反应可行性验证分析

化学方程式（6-38）~式（6-54）为铝电解废阴极炭经碱熔处理后炭粉在酸浸

过程中可能存在的无机盐杂质与 HCl+HF 溶液体系发生的化学反应，通过热力学计算得出其在具体温度范围内反应吉布斯自由能变化趋势，计算过程与图 6-19~图 6-22 过程相同，图 6-23 和图 6-24 分别为碱熔炭粉中杂质在混合酸中可能发生的化学反应的吉布斯自由能及化学平衡常数随温度变化趋势图。

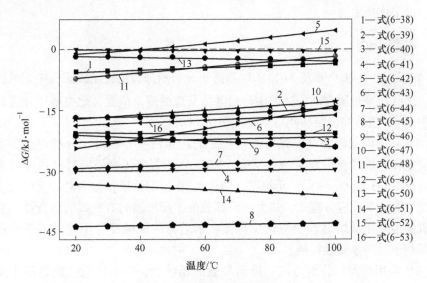

图 6-23　废阴极碱熔渣酸浸过程 ΔG-T 图

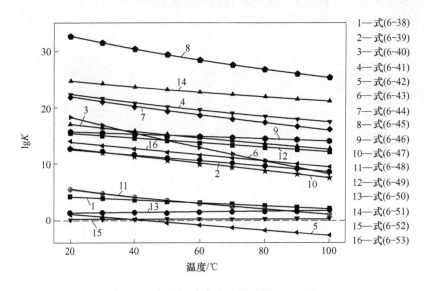

图 6-24　废阴极碱熔渣酸浸过程 $\lg K$-T 图

图 6-23 和图 6-24 结果表明，废阴极炭经碱熔处理后炭粉中无机盐杂质在

HCl+NaF 混合酸中可能发生的化学反应在热力学范畴内是可行的。选择实验条件 20~100℃，除 F_2O_3 外其他化合物均具有可反应性，Fe_2O_3 可在低温酸中反应生成可溶性物质。酸浸过程中发生的反应较为简单，产生的物质多为可水溶性化合物或气体物质如 SiF_4。热力学分析结果 HCl+HF 混合体系为有效脱除碱熔炭粉中杂质提供了理论支撑。

6.3　本章小结

（1）通过 $Al-H_2O$ 系及 $Al-F-H_2O$ 系离子分布图分析论证了废阴极中无机盐氧化铝、冰晶石等杂质在碱浸过程中与炭基体分离的理论依据，此类杂质在强碱性溶液中随 pH 值升高最终转化可溶性离子 $Al(OH)_4^-$。

（2）从不同碱熔温度下碱熔炭粉灰分的物相图差异性对比分析得出，多种铝硅酸盐在碱熔过程中发生相变反应，XRD 分析图中各物相衍射峰强度发生变化；基于 $Na_2O-Al_2O_3-SiO_2$ 三元相图，结合 XRD 检测结果，推测复杂无机盐杂质可能发生的化学反应方程式，热力学计算验证了所推测的方程式的可行性，明确了无机盐杂质在碱熔过程中的可反应性；杂质与熔融碱反应生成可溶于酸的物相，有利于进一步酸浸提纯。

（3）采用相同的分析方法，推测与验证相结合，探析废阴极碱熔渣中无机盐杂质在盐酸+氟化钠溶液中的可反应性，结果表明：杂质与混酸体系热力学范畴内反应可实现，分析结果与废阴极深度纯化实验结果相互佐证。

7 结 论

《《《

以铝电解废阴极炭块为研究对象，系统研究了其工艺矿物学特征与物理化学性质，揭示了废阴极中无机盐杂质种类与赋存状态，进行了碱浸-酸浸分离提纯实验，阐述了超声波辅助浸出的可行性及其优势，探索了熔融态碱液、盐酸+氟化钠混酸体系脱除复杂难处理铝硅酸盐的可行性及反应机理。在此基础上，研究开发了"超声波辅助碱熔-酸浸"综合回收铝电解废阴极中有价组分的新工艺。所得主要结论如下：

（1）经多种分析检测方法测定，国内多家企业排放的铝电解废阴极具有相同点：元素种类相同，均为碳、氟、铝、钠、氧及其他微量元素；碳为主要元素，固定碳含量在55%~75%之间；主要杂质相同，包括冰晶石、氧化铝、氢氧化铝、氟化钠等；均含有复杂难确定难处理的铝硅酸盐，水分和挥发分较低；均含有可溶氟化物和氰化物，含量高于国家固体危险废弃物界定标准；无机盐杂质与炭基体以不规则形状和多尺度粒径粘连，镶嵌状态存在，少部分被炭基包裹，嵌布关系复杂。

（2）原料工艺矿物学性质决定了废阴极处理方法具有可统一性，杂质与炭基体粘连，嵌布状态使得常规浮选物理分离效果欠佳，碱酸协同处理工艺具有可行性。

（3）正交实验明确了废阴极碱浸过程各因素影响主次关系为：初始碱浓度>温度>时间>液固比>原料粒径>搅拌速率。初始碱浓度和温度对杂质浸出率具有积极作用，升高温度和初始碱浓度可得到更高纯度的炭粉；采用氢氧化钠溶液碱浸提纯废阴极，最优实验条件下所得炭粉纯度可达92.23%。

（4）通过 Avrami 方程分析废阴极碱浸提铝过程，宏观动力学方程为：

$$-\ln(1-x) = 8038.84\exp\left[-3.171 \times 10^4/RT\right]c^{0.93641}t^{0.99689}$$

分析得知：反应表观活化能为 31.71kJ/mol，反应速率快，过程受界面化学反应和扩散两者混合控制。动力学结果表明，强化界面化学反应（如提高反应温度、增大浸出剂初始浓度、减小矿粒粒径等）能够更有效地提高废阴极中铝的提取效果。

（5）基于动力学分析结果优化碱浸提纯过程，对比研究了超声波辅助浸出和常规机械搅拌浸出对废阴极分离提纯效果的影响。超声波辅助碱浸实验最优工艺参数为：温度70℃、时间40min、初始碱料比0.6、液固比10、超声波功率

400W。超声波辅助碱浸-酸浸协同处理后炭粉纯度为 97.53%。超声波独有的空化效应创造的局部高温高压使得反应体系中铝硅酸盐与氢氧化钠在溶液中越过能垒发生反应，机械震荡和激射流增强固体颗粒破碎分散、提高反应介质扩散效率。超声波辅助浸出具有反应时间短、提纯效率高、纯化后炭粉表面光滑、粒径小等优势。

（6）废阴极超声波辅助碱熔-酸浸深度纯化实验最优工艺参数为：碱熔过程中粒径小于 0.147mm（100 目）、碱灰比 7：1、浸渍液固比 2：1、碱熔温度 600℃、碱熔时间 120min、超声波辅助水洗声强 0.75W/cm²，酸浸过程中酸浸温度 60℃、酸浸时间 120min、酸浓度 4mol/L、酸浸液固比 20：1、氟化钠添加量 15g/L。工艺稳定性好，重复实验得到最终产物炭粉的平均纯度为 99.02%。

（7）废阴极中的毒害物质氰化物在碱熔过程中受热氧化分解成无害气体，氰化物不需单独工序处理，缩短了流程；废水中回收副产品氢氧化铝、氟化钙、碳酸钠等，处理后废水满足国家排放标准且实现循环利用。

（8）杂质在碱熔-酸浸过程中得到高效脱除：氧化铝、冰晶石在碱液中转化为可溶 $Al(OH)_4^-$；$NaAl_{11}O_{17}$、SiO_2、$Na_2O \cdot SiO_2$、$Na_2O \cdot 2SiO_2$、$2Na_2O \cdot SiO_2$、$Al_2O_3 \cdot 2SiO_2$、$Al_2O_3 \cdot SiO_2$、钠长石、莫来石、高岭石等难以在常温碱液中反应的无机盐可与熔融态氢氧化钠反应生成中间产物或易溶于酸的 $NaAlO_2$、$NaAlSiO_4$ 等；盐酸+氟化钠体系较盐酸对废阴极中复杂无机盐具有更好的分离纯化效果；杂质氟化钙既可与熔融碱反应，也可溶于混合酸体系中。

（9）获得了铝电解废阴极超声波辅助碱熔-酸浸处理新工艺的完整工艺流程。整个流程综合处理废阴极和资源化回收有价元素。

附录 主要物质热力学数据

附表 1 铝（Al）

热力学数据	T/K	C_P /J·(K·mol)$^{-1}$	S /J·(K·mol)$^{-1}$	$-(G-H_{298})/T$ /J·(K·mol)$^{-1}$	H /kJ·mol^{-1}	$H-H_{298}$ /kJ·mol^{-1}	G /kJ·mol^{-1}	ΔH_f /kJ·mol^{-1}	ΔG_f /kJ·mol^{-1}	lgK
	298.15	24.296	28.275	28.275	0	0	-8.43	0	0	0
	300	24.324	28.425	28.275	0.045	0.045	-8.483	0	0	0
	400	25.78	35.627	29.247	2.552	2.552	-11.699	0	0	0
	500	27.002	41.515	31.129	5.193	5.193	-15.565	0	0	0
固相	600	28.093	46.535	33.289	7.948	7.948	-19.973	0	0	0
	700	29.263	50.952	35.502	10.815	10.815	-24.852	0	0	0
	800	30.843	54.958	37.687	13.817	13.817	-30.15	0	0	0
	900	33.057	58.711	39.616	17.005	17.005	-35.835	0	0	0
	933.45	33.994	59.934	40.515	18.126	18.126	-37.819	0	0	0

附表 2 氧化铝（Al$_2$O$_3$）

热力学数据	T/K	C_P /J·(K·mol)$^{-1}$	S /J·(K·mol)$^{-1}$	$-(G-H_{298})/T$ /J·(K·mol)$^{-1}$	H /kJ·mol^{-1}	$H-H_{298}$ /kJ·mol^{-1}	G /kJ·mol^{-1}	ΔH_f /kJ·mol^{-1}	ΔG_f /kJ·mol^{-1}	lgK
	298.15	79.038	50.936	50.936	-1675.692	0	-1690.897	-1675.692	-1582.2711	277.2077
固相（α）	300	79.434	51.426	50.938	-1675.545	0.147	-1690.973	-1675.717	-1581.692	275.397
	400	96.117	76.770	54.279	-1666.696	8.996	-1697.404	-1676.337	-1550.221	202.438

续附表 2

热力学数据	T/K	C_P /J·(K·mol)$^{-1}$	S /J·(K·mol)$^{-1}$	$-(G-H_{298})/T$ /J·(K·mol)$^{-1}$	H /kJ·mol^{-1}	$H-H_{298}$ /kJ·mol^{-1}	G /kJ·mol^{-1}	ΔH_f /kJ·mol^{-1}	ΔG_f /kJ·mol^{-1}	lgK
	500	106.142	99.385	61.086	-1656.543	19.149	-1706.235	-1676.054	-1518.712	158.659
	600	112.552	119.343	69.167	-1645.586	30.106	-1717.192	-1675.347	-1487.306	129.481
	700	116.956	137.043	77.623	-1634.098	41.594	-1730.028	-1674.475	-1456.034	108.651
固相	800	120.179	152.881	86.058	-1622.234	53.458	-1744.539	-1673.620	-1424.887	93.036
(α)	900	122.667	167.185	94.291	-1610.087	65.605	-1760.553	-1672.958	-1393.839	80.896
	1000	124.753	180.220	102.241	-1597.714	77.978	-1777.933	-1693.668	-1361.331	71.109
	1100	126.814	192.199	109.882	-1585.144	90.548	-1796.532	-1692.711	-1328.142	63.068
	1200	128.267	203.288	117.210	-1572.398	103.294	-1816.343	-1691.638	-1295.046	56.372
	1300	129.743	213.614	124.233	-1559.493	116.196	-1837.194	-1690.461	-1262.044	50.710

附表 3　无定形氢氧化铝 (Al(OH)$_3$)

热力学数据	T/K	C_P /J·(K·mol)$^{-1}$	S /J·(K·mol)$^{-1}$	$-(G-H_{298})/T$ /J·(K·mol)$^{-1}$	H /kJ·mol^{-1}	$H-H_{298}$ /kJ·mol^{-1}	G /kJ·mol^{-1}	ΔH_f /kJ·mol^{-1}	ΔG_f /kJ·mol^{-1}	lgK
	298.15	93.149	71.128	71.128	-1276.120	0	-1297.327	-1276.120	-1138.706	199.497
	300	93538	71.705	71.130	-1275.947	0.173	-1297.459	-1276.154	-1137.854	198.118
固相	400	114.516	101.488	75.049	-1265.545	10.575	-1306.140	-1277.073	-1091.566	142.5444
	500	135.495	129.295	83.143	-1253.044	23.076	-1317.691	-1276.186	-1045.254	109.197
	600	156.473	155.853	93.062	-1238.449	37.674	-1331.957	-1273.478	-999.291	86.996
	700	177.452	181.549	103.876	-1221.748	54.371	-1348.833	-1268.935	-953.927	71.183

附表 4　水铝石（$Al_2OH_3 \cdot H_2O$）

热力学数据	T/K	C_P /J·(K·mol)$^{-1}$	S /J·(K·mol)$^{-1}$	$-(G-H_{298})/T$ /J·(K·mol)$^{-1}$	H /kJ·mol^{-1}	$H-H_{298}$ /kJ·mol^{-1}	G /kJ·mol^{-1}	ΔH_f /kJ·mol^{-1}	ΔG_f /kJ·mol^{-1}	lgK
固相	298.15	10611.209	70.668	70.668	-1999.115	0	-2020.165	-1999.115	-1842.033	322.7177
	300	106.274	71.325	70.670	-1998.918	0.197	-2020.316	-1999.170	-1841.058	320.557
	400	109.788	102.379	74.880	-1988.115	11.00	-2029.067	-2002.229	-1787.896	233.475
	500	113.303	127.255	82.947	-1976.961	22.154	-2040.589	-2005.397	-1733.948	181.144

附表 5　石墨（C）

热力学数据	T/K	C_P /J·(K·mol)$^{-1}$	S /J·(K·mol)$^{-1}$	$-(G-H_{298})$ /T/J·(K·mol)$^{-1}$	H /kJ·mol^{-1}	$H-H_{298}$ /kJ·mol^{-1}	G /kJ·mol^{-1}	ΔH_f /kJ·mol^{-1}	ΔG_f /kJ·mol^{-1}	lgK
固相	298.15	8.512	5.740	5.740	0	0	-1.712	0	0	0
	300	8.594	5.793	5.741	0.016	0.016	-1.722	0	0	0
	400	11.927	8.754	6.122	1.053	1.053	-2.449	0	0	0
	500	14.633	11.713	6.946	2.384	2.384	-3.473	0	0	0
	600	16.864	14.588	7.981	3.964	3.964	-4.789	0	0	0
	700	18.590	17.326	9.122	5.742	5.742	-6.386	0	0	0
	800	19.627	19.893	10.310	7.666	7.666	-8.248	0	0	0
	900	20.792	22.286	11.509	9.699	9.699	-10.358	0	0	0
	1000	21.566	24.516	12.700	11.818	11.818	-12.700	0	0	0
	1100	22.192	26.604	13.870	14.007	14.007	-15.257	0	0	0
	1200	22.702	28.528	15.013	16.253	16.253	-18.016	0	0	0
	1300	23.117	30.392	16.127	18.545	18.545	-20.965	0	0	0

附表 6　氟化钙 （CaF₂）

热力学数据	T/K	C_P /J·(K·mol)⁻¹	S /J·(K·mol)⁻¹	$-(G-H_{298})/T$ /J·(K·mol)⁻¹	H /kJ·mol⁻¹	$H-H_{298}$ /kJ·mol⁻¹	G /kJ·mol⁻¹	ΔH_f /kJ·mol⁻¹	ΔG_f /kJ·mol⁻¹	lgK
	298.15	68.590	68.576	68.576	-1225.912	0	-1246.358	-1225.912	-1173.545	205.800
	300	68.771	69.001	68.577	-1225.785	0.127	-1246.485	-1225.890	-1173.220	204.276
	400	73.863	89.636	71.356	-1218.600	7.312	-1254.455	-1224.493	-1155.867	150.941
	500	76.222	106.382	76.740	-1211.091	14.821	-1264.282	-1223.040	-1138.880	118.978
	600	78.518	120.478	82.885	-1203.356	22.556	-1275.643	-1221.637	-1122.180	97.694
固相	700	81.089	132.771	89.151	-1195.378	30.534	-1288.318	-1220.275	-1105.712	82.509
(α)	800	83.919	143.781	95.303	-1187.130	38.782	-1302.155	-1219.674	-1089.346	71.127
	900	86.950	153.839	101.256	-1178.588	47.324	-1317.043	-1218.251	-1073.142	62.284
	1000	90.128	163.163	106.986	-1169.735	56.177	-1332.898	-1216.963	-1057.089	55.217
	1100	93.413	171.906	112.494	-1160.559	65.353	-1349.656	-1215.789	-1041.159	49.441
	1200	96.780	180.178	117.793	-1151.050	74.862	-1367.264	-1221.664	-1024.716	44.605
	1300	100.207	188.060	122.897	-1141.201	84.711	-1385.679	-1214.988	-1008.430	40.519

附表 7　冰晶石 （Na₃AlF₆）

热力学数据	T/K	C_P /J·(K·mol)⁻¹	S /J·(K·mol)⁻¹	$-(G-H_{298})/T$ /J·(K·mol)⁻¹	H /kJ·mol⁻¹	$H-H_{298}$ /kJ·mol⁻¹	G /kJ·mol⁻¹	ΔH_f /kJ·mol⁻¹	ΔG_f /kJ·mol⁻¹	lgK
固相	298.15	215.695	238.446	238.446	-3309.544	0	-3380.637	-3309.544	-3144.793	550.95596
(α)	300	216.237	239.782	238.450	-3309.144	0.4	-3381.079	-3309.520	-3143.770	547.379

续附表 7

热力学数据	T/K	C_P /J·(K·mol)$^{-1}$	S /J·(K·mol)$^{-1}$	$-(G-H_{298})/T$ /J·(K·mol)$^{-1}$	H /kJ·mol^{-1}	$H-H_{298}$ /kJ·mol^{-1}	G /kJ·mol^{-1}	ΔH_f /kJ·mol^{-1}	ΔG_f /kJ·mol^{-1}	$\lg K$
固相 (α)	400	234.633	304.856	247.199	-3286.481	23.063	-3408.424	-3315.868	-3088.133	403.269
	500	247.626	358.609	264.258	-3262.368	47.176	-3441.673	-3313.790	-3031.418	316.690
	600	261.875	404.985	283.929	-3236.910	72.634	-3479.901	-3310.554	-2975.226	259.016
	700	278.277	446.557	304.238	-3209.921	99.623	-3522.511	-3305.938	-2919.683	217.869
	800	296.829	484.903	324.452	-3181.183	128.361	-3569.106	-3299.747	-2864.906	187.059
	838	304.415	498.852	332.045	-3169.760	139.784	-3587.798	-3296.952	-2844.316	177.293
			9.835		8.242					
固相 (β)	838	282.002	508.687	332.045	-3161.518	148.026	-3587.798	-3288.710	-2844.316	177.293
	900	282.002	528.815	344.916	-3144.034	165.510	-3619.968	-3285.392	-2811.557	163.179
	1000	282.002	558.527	364.817	-3115.834	193.710	-3674.361	-3290.840	-2758.427	144.085
	1100	282.002	585.405	383.668	-3087.634	221.910	-3731.579	-3285.659	-2705.437	128.471
	1153	282.002	598.675	393.249	-3072.688	236.856	-3762.960	-3282.988	-2677.545	121.301
			0.327		0.377					
固相 (γ)	1153	355.640	599.002	393.249	-3072.311	237.233	-3762.960	-3282.611	-2677.545	121.301
	1200	355.640	613.211	401.588	-3055.596	253.948	-3791.449	-3567.113	-2645.675	115.163
	1285	355.640	637.550	416.400	-3025.366	284.178	-3844.619	-3554.433	-2580.845	104.910
			83.485		107.278					

续附表 7

热力学数据	T/K	C_P /J·(K·mol)$^{-1}$	S /J·(K·mol)$^{-1}$	$-(G-H_{298})/T$ /J·(K·mol)$^{-1}$	H /kJ·mol^{-1}	$H-H_{298}$ /kJ·mol^{-1}	G /kJ·mol^{-1}	ΔH_f /kJ·mol^{-1}	ΔG_f /kJ·mol^{-1}	lg$K$
液相	1285	396.225	721.035	416.400	-2918.088	391.456	-3844.619	-3447.155	-2580.845	104.910
	1300	396.225	725.634	419.942	-2912.145	397.399	-3855.469	-3444.313	-2570.749	103.294
	1400	396.225	754.997	442.839	-2872.523	437.021	-3929.518	-3425.389	-2504.262	93.435
	1500	396.225	782.334	464.571	-2832.900	476.644	-4006.401	-3406.508	-2349.126	84.938
	1600	396.225	807.905	485.239	-2793.278	518.266	-4085.926	-3387.666	-2375.249	77.544
	1700	396.225	831.926	504.933	-2753.655	555.889	-4167.930	-3368.860	-2312.549	71.056
	1800	396.225	854.574	523.734	-2714.033	595.511	-4252.266	-3350.087	-2250.955	65.321

附表 8　氟化钠（NaF）

热力学数据	T/K	C_P /J·(K·mol)$^{-1}$	S /J·(K·mol)$^{-1}$	$-(G-H_{298})/T$ /J·(K·mol)$^{-1}$	H /kJ·mol^{-1}	$H-H_{298}$ /kJ·mol^{-1}	G /kJ·mol^{-1}	ΔH_f /kJ·mol^{-1}	ΔG_f /kJ·mol^{-1}	lg$K$
固相	298.15	46.853	51.212	51.212	-575.384	0	-590.653	-575.384	-545.080	95.496
	300	46.923	51.505	51.213	-575.297	0.087	-590.748	-575.378	-544.892	94.874
	400	49.598	65.410	53.091	-570.457	4.927	-596.620	-577.765	-534.565	69.807
	500	51.260	46.665	56.716	-565.410	9.974	-603.742	-577.502	-523.792	54.720
	600	52.679	86.137	60.851	-560.212	15.172	-611.894	-577.057	-513.089	44.668
	700	54.123	94.364	65.063	-554.873	20.511	-620.928	-576.445	-502.473	37.495
	800	55.710	101.693	69.192	-549.383	26.001	-630.737	-575.667	-491.957	32.121

续附表 8

热力学数据	T/K	C_P /J·(K·mol)$^{-1}$	S /J·(K·mol)$^{-1}$	$-(G-H_{298})/T$ /J·(K·mol)$^{-1}$	H /kJ·mol^{-1}	$H-H_{298}$ /kJ·mol^{-1}	G /kJ·mol^{-1}	ΔH_f /kJ·mol^{-1}	ΔG_f /kJ·mol^{-1}	lg$K$
固相	900	57.493	108.356	73.178	-543.724	31.660	-641.245	-574.720	-481.548	27.948
	1000	59.503	114.515	77.008	-537.877	37.507	-652.392	-573.599	-471.254	24.616
	1100	61.757	120.290	80.683	-531.816	43.568	-664.135	-572.300	-461.081	21.895
	1200	64.266	125.769	84.213	-525.517	49.867	-676.440	-667.578	-448.594	19.527
	1269	66.148	129.414	86.572	-521.018	54.366	-685.244	-665.803	-436.052	17.949

附表 9　氢氧化钠（NaOH）

热力学数据	T/K	C_P /J·(K·mol)$^{-1}$	S /J·(K·mol)$^{-1}$	$-(G-H_{298})/T$ /J·(K·mol)$^{-1}$	H /kJ·mol^{-1}	$H-H_{298}$ /kJ·mol^{-1}	G /kJ·mol^{-1}	ΔH_f /kJ·mol^{-1}	ΔG_f /kJ·mol^{-1}	lg$K$
固相（α）	298.15	59.570	64.434	64.434	-425.931	0	-445.142	-425.931	-379.737	66.528
	300	59.622	64.802	64.435	-425.821	0.110	-445.261	-425.927	-379.451	66.068
	400	64.937	82.565	66.822	-419.634	6.297	-452.660	-428.299	-363.788	47.506
	500	75.157	98.062	71.540	-421.670	13.261	-461.701	-427.428	-347.739	36.326
	572	85.552	106.828	75.557	-406.900	19.031	-469.149	-426.023	-336.352	30.715
			12.580		6.611					
固相（β）	572	85.552	121.409	75.557	-399.704	26.227	-469.149	-418.827	-336.352	30.715
	596	89.582	125.006	77.475	-397.602	28.329	-472.106	-418.179	-332.904	29.176
			11.092							

续附表 9

热力学数据	T/K	C_P /J·(K·mol)$^{-1}$	S /J·(K·mol)$^{-1}$	$-(G-H_{298})/T$ /J·(K·mol)$^{-1}$	H /kJ·mol^{-1}	$H-H_{298}$ /kJ·mol^{-1}	G /kJ·mol^{-1}	ΔH_f /kJ·mol^{-1}	ΔG_f /kJ·mol^{-1}	lgK
	596	86.102	136.099	77.475	-390.991	34.940	-472.106	-411.568	-332.904	29.176
	600	86.074	136.674	77.868	-390.647	35.284	-472.652	-411.486	-332.377	26.936
	700	85.454	149.895	87.239	-382.072	43.859	-486.998	-408.938	-319.396	23.834
	800	84.893	161.269	95.798	-373.555	52.376	-502.560	-406.475	-306.773	20.030
液相	900	84.326	171.235	103.638	-365.094	60.637	-519.205	-404.092	-294.454	17.090
	1000	83.742	180.089	110.848	-356.690	69.241	-536.779	-401.808	-282.396	14.751
	1100	83.148	188.043	117.511	-348.346	77.585	-555.193	-399.646	-270.560	12.848
	1200	82.544	195.252	123.694	-340.061	85.870	-574.363	-494.386	-256.475	11.164
	1300	81.944	201.835	129.455	-331.837	94.094	-614.716	-491.592	-236.763	9.513

附表 10 水 （H_2O）

热力学数据	T/K	C_P /J·(K·mol)$^{-1}$	S /J·(K·mol)$^{-1}$	$-(G-H_{298})/T$ /J·(K·mol)$^{-1}$	H /kJ·mol^{-1}	$H-H_{298}$ /kJ·mol^{-1}	G /kJ·mol^{-1}	ΔH_f /kJ·mol^{-1}	ΔG_f /kJ·mol^{-1}	lgK
	298.15	33.590	188.959	188.959	-241.826	0	-298.164	-241.826	-228.620	40.053
	300	33.596	189.167	188.960	-241.764	0.062	-298.514	-241.844	-228.538	39.792
液相	400	34.261	198.910	190.284	-238.375	3.451	-317.939	-242.847	-223.951	29.245
	500	35.230	206.656	192.809	-234.902	6.924	-338.230	-243.826	-219.113	22.891
	600	36.322	213.174	195.673	-231.326	10.500	-359.230	-244.758	-214.081	18.637
	700	37.494	218.860	198.588	-227.635	14.191	-380.838	-245.633	-208.898	15.588

参 考 文 献

[1] 刘业翔，李劼. 现代铝电解 [M]. 北京：冶金工业出版社，2008.

[2] Ding N, Yang J X, Liu J. Substance flow analysis of aluminum industry in mainland China [J]. Journal of Cleaner Production, 2016, 133: 1167~1180.

[3] Baiteche M, Taghavi S M, Ziegler D, et al. LES turbulence modeling approach for molten aluminium and electrolyte flow in aluminum electrolysis cell [J]. The Minerals, Metals & Materials Society, 2017: 679~686.

[4] Haupin W E. Principles of aluminum electrolysis [C]// Essential Readings in Light Metals. Springer International Publishing, 2016.

[5] Yang Y, Gao B, Wang Z, et al. Study on the inter-electrode process of aluminum electrolysis [J]. Metallurgical & Materials Transactions B, 2016, 47 (1): 621~629.

[6] Ariana M, Désilets M, Proulx P. On the analysis of ionic mass transfer in the electrolytic bath of an aluminum reduction cell [J]. Canadian Journal of Chemical Engineering, 2015, 92 (11): 1951~1964.

[7] Holywell G, Breault R. An overview of useful methods to treat, recover, or recycle spent potlining [J]. JOM, 2013, 65 (11): 1441~1451.

[8] Miksa D, Homsak M, Samec N. Spent potlining utilisation possibilities [J]. Waste Management & Research, 2003, 21 (5): 467~473.

[9] 陈顺智. 电解铝生产中废阴极炭块的火法处理研究 [D]. 昆明：昆明理工大学，2017.

[10] Tschöpe K, Schøning Ch, Grande T. Autopsies of spent pot linings-A revised view [C]//TMS Light Metals, 2009.

[11] Bazhin V Y, Patrin R K. Modern methods of recycling pent potlinings from electrolysis baths used in aluminum production [J]. Refractories & Industrial Ceramics, 2011, 52 (1): 63~65.

[12] Breault R, Poirier S, Hamel G, et al. A 'green' way to deal with spent pot lining [J]. Journal of Aluminium Production & Processing, 2011, 23: 22~24.

[13] Zhang H, Li T, Li J, et al. Progress in aluminum electrolysis control and future direction for smart aluminum electrolysis plant [J]. JOM, 2016, 69 (2): 292~300.

[14] 莫顿·索列，哈拉德·欧耶. 铝电解槽阴极 [M]. 彭建平，等译. 北京：化学工业出版社，2015.

[15] 鲍龙飞. 铝电解槽废阴极材料的综合利用研究 [D]. 西安：西安建筑科技大学，2014.

[16] Li J, Fang Z, Lai Y Q, et al. Electrolysis expansion performance of semigraphitic cathode in $[K_3AlF_6/Na_3AlF_6]$-AlF_3-Al_2O_3 bath system [J]. Journal of Central South University, 2009, 16 (3): 422~428.

[17] Wang Z, Rutlin J, Grande T. Sodium diffusion in cathode lining in aluminium electrolysis cells [J]. TMS Light Metals, 2010: 841~847.

[18] 王维，谷万铎. 阴极材料组织对铝电解钠渗透过程的影响 [J]. 材料热处理学报，2014, 35 (7): 146~150.

[19] 任必军, 石忠宁, 刘世英, 等. 300kA 铝电解槽阴极破损机理研究 [J]. 东北大学学报 (自然科学版), 2007, 28 (6): 843~846.

[20] 陈喜平. 铝电解废槽衬火法处理工艺研究与热工分析 [D]. 长沙: 中南大学, 2009.

[21] Li W, Chen X. Chemical stability of fluorides related to spent potling [C]//TMS Light Metals, 2008: 855~858.

[22] Breault R, Poirier S, Hamel G, et al. A 'green' way to deal with spent pot lining [J]. Journal of Aluminium Production & Processing, 2011, 23: 22~24.

[23] Li W, Chen X. Development status of processing technology for spent potlining in China [C]// TMS Light Metals, 2016, 179 (3): 1064~1069.

[24] 黄尚展. 电解槽废槽衬现状处理及技术分析 [J]. 轻金属, 2009 (4): 29~32.

[25] Andrade L F, Davide L C, Gedraite L S. The effect of cyanide compounds, fluorides, aluminum, and inorganic oxides present in spent pot liner on germination and root tip cells of Lactuca sativa [J]. Ecotoxicology and Environmental Safety, 2010, 73 (4): 626~631.

[26] Andrade-Vieira L F, Palmieri M J, Davide L C. Effects of long exposure to spent potliner on seeds, root tips, and meristematic cells of Allium cepa L [J]. Environmental Monitoring & Assessment, 2017, 189 (10): 489.

[27] Kwaansa-Ansah E E, Amenorfe L P, Armah E K, et al. Human health risk assessment of cyanide levels in water and tuber crops from Kenyasi, a mining community in the Brong Ahafo Region of Ghana [J]. International Journal of Food Contamination, 2017, 4 (1): 16.

[28] Andrade-Vieira F, Davide L C, Gedraite L S, et al. Genotoxicity of SPL (spent pot lining) as measured by tradescantia bioassays [J]. Ecotoxicology & Environmental Safety, 2011, 74 (7): 2065~2069.

[29] Palmieri M J, Andrade-Vieira L F, Trento M V C, et al. Cytogenotoxic effects of spent pot liner (SPL) and its main components on human leukocytes and meristematic cells of allium cepa [J]. Water Air & Soil Pollution, 2016, 227 (5): 155.

[30] Freitas A S, Fontes Cunha I M, Andradevieira L F, et al. Effect of SPL (spent pot liner) and its main components on root growth, mitotic activity and phosphorylation of histone H3 in lactuca sativa L [J]. Ecotoxicology & Environmental Safety, 2016, 124: 426~434.

[31] Abeer S, Yasemin N. The application of the environmental management system at the aluminum industry in UAE [J]. International Journal of GEOMATE, 2017, 12 (30): 1~10.

[32] Pawlek R P. Spent potlining: an update [C] //TMS Light Metals, 2012: 1313~1317.

[33] Ospina G, Hassan M I. Spent pot lining characterization framework [J]. JOM, 2017, 69 (9): 1639~1645.

[34] Kidd I L, Rodda D P, Wellwood G A. Treatment of solid material containing fluoride and sodium including mixing with caustic liquor and lime: US, US5776426 [P]. 1998.

[35] 李旺兴, 陈喜平, 罗钟生, 等. 废槽衬无害化处理工业示范厂运转结果 [J]. 轻金属, 2006 (10): 34~38.

[36] Ghazizade M J, Safari E. Landfilling of produced spent pot liner in aluminium industries: pro-

posed method in developing countries [C]//1st International Conference on Final Sinks, 2010.

[37] Agrawal A, Sahu K K, Pandey B D. Solid waste management in non-ferrous industries in India [J]. Resources Conservation & Recycling, 2004, 42 (2): 99~120.

[38] Cenčič M, Kobal I, Golob J. Thermal hydrolysis of cyanides in spent pot lining of aluminium electrolysis [J]. Chemical Engineering Technology, 1998, 21 (6): 523~532.

[39] Saterlay A J, Hong Q, Compton R G, et al. Ultrasonically enhanced leaching: removal and destruction of cyanide and other ions from used carbon cathodes [J]. Ultrasonics Sonochemistry, 2000, 7 (1): 1~6.

[40] Felling G, Webb P. Reynolds closes loop to solve SPL environmental challenge [J]. Light Metal Age, 1995, 53: 40.

[41] Hittner H J, Byers L R, Lees Jr. J N, et al. Rotary kiln treatment of potliner: US5711018 [P]. 1998-01-20.

[42] O'Connor W K, Turner P C, Addison G W. Method for processing aluminum spent potliner in a graphite electrode ARC furnace: US, US6498282 [P]. 2002-12-24.

[43] Fisher G. Methods of destruction of cyanide in cyanide-containing waste: US, US6774277 [P]: 2004-08-10.

[44] 赵俊学, 张博, 鲍龙飞, 等. 铝电解槽废阴极氟化物的浸出研究 [J]. 有色金属 (冶炼部分), 2015 (3): 30~32.

[45] 吴正建, 郑黎. 固体废渣中氰化物和氟化物的无害化处理及回收工艺: 中国, CN101444660B [P]. 2013-11-20.

[46] 桑义敏. 在热处理后进行湿法强化除氟的铝电解废槽衬无害化方法: 中国, CN105457972A [P]. 2016-04-06.

[47] 李旺兴, 陈喜平, 刘凤琴, 等. 一种铝电解槽废槽衬的无害化处理方法: 中国, CN1583301 [P]. 2005-02-23.

[48] 曹国法, 朱振国, 冯小强, 等. 电解铝废槽衬中氰化物和氟化物的处理方法: 中国, CN105214275A [P]. 2016-01-06.

[49] 常醒, 王利, 杨见喜, 等. 一种铝电解槽大修渣资源化无害化处理方法及系统: 中国, CN104984984A [P]. 2015-10-21.

[50] 桑义敏, 易国庆, 王晓宇, 等. 基于化学沉淀和氧化还原反应的铝电解槽废槽衬处理方法: 中国, CN105327933A [P]. 2016-02-17.

[51] 王旭东, 曹国法, 朱振国, 等. 用电解铝废阴极炭块生产全石墨化碳素制品的系统及方法: 中国, CN105132950A [P]. 2015-12-09.

[52] 朱云, 施哲, 李艳, 等. 一种铝电解槽废炭料中挥发脱氟的方法: 中国, CN105112938A [P]. 2015-12-02.

[53] Ruiz De V C, Alfaro Abreu I. Process for recycling spent pot linings (SPL) from primary aluminium production: US, US8569565 [P]. 2013-10-29.

[54] 李伟. 碱酸法处理铝电解废阴极的研究 [D]. 沈阳: 东北大学, 2009.

[55] Kasireddy V, Bernier J L, Kimmerle F M. Recycling of spent pot linings: US, US6596252 B2

　　[P]. 2003-07-22.

[56] Cooper B J, Cooper K M, Cooper B G, et al. Treatment of smelting by-products: US, US7594952 [P]. 2009-09-29.

[57] Barnett R J, Mezner M B. Method of recovering fumed silica from spent potliner: WO, US6193944 [P]. 2001-02-27.

[58] Bush J F, Pa P B. Reclaiming spent potlining: US, US4889695 [P]. 1989-12-26.

[59] Barrillon E, Personnet P, Bontron J C. Process for the thermal shock treatment of spent pot linings obtained from Hall-Heroult electrolytic cells: US, US5245115 [P]. 1993-09-14.

[60] Birry L, Leclerc S, Poirier S. The LCL&L process [J]. Aluminium International Today the Journal of Aluminium Production & Processing, 2016, 29: 25~27.

[61] Li N, Xie G, Wang Z, et al. Recycle of spent potlining with low carbon grade by floatation [J]. Advanced Materials Research, 2014, 881~883: 1660~1664.

[62] Williams E. The LCL&L Process: A Sustainable Solution for the Treatment and Recycling of Spent Potlining [M]. Light Metals: Springer International Publishing, 2016: 21~45.

[63] Hamel G, Breault R, Charest G, et al. From the "Low caustic leaching and liming" process development to the Jonquière spent potlining treatment pilot plant start-up, 5 years of process upscaling, engineering and commissioning [C]//TMS Light Metals, 2009: 921~925.

[64] Pulvirenti A L, Mastropietro C W, Barkatt A, et al. Chemical treatment of spent carbon liners used in the electrolytic production of aluminum [J]. Journal of Hazardous Materials, 1996, 46 (1): 13~21.

[65] Lisbona D F, Steel K M. Recovery of fluoride values from spent pot-lining: Precipitation of an aluminium hydroxyfluoride hydrate product [J]. Separation & Purification Technology, 2008, 61 (2): 182~192.

[66] Lisbona D F, Somerfield C, Steel K M. Leaching of spent pot-lining with aluminium nitrate and nitric acid: Effect of reaction conditions and thermodynamic modelling of solution speciation [J]. Hydrometallurgy, 2013, 134~135 (3): 132~143.

[67] Lisbona D F, Somerfield C, Steel K M. Leaching of spent pot-lining with aluminum anodizing wastewaters: fluoride extraction and thermodynamic modeling of aqueous speciation [J]. Industrial & Engineering Chemistry Research, 2012, 51 (25): 8366~8377.

[68] Shi Z, Li W, Hu X, et al. Recovery of carbon and cryolite from spent pot lining of aluminium reduction cells by chemical leaching [J]. Transactions of Nonferrous Metals Society of China, 2012, 22 (1): 222~227.

[69] Fan C, Chang Y, Zhai X, et al. Separation for recycling of spent potlining by froth flotation [C]//TMS Light Metals, 2009: 957~960.

[70] Wang J, Liu H, Luo Y, et al. Study on harmless and resources recovery treatment technology of waste cathode carbon blocks from electrolytic aluminum [J]. Procedia Environmental Sciences, 2012, 16: 769~777.

[71] Ntuk U, Tait S, White E T, et al. The precipitation and solubility of aluminium hydroxyfluoride

hydrate between 30℃ and 70℃ [J]. Hydrometallurgy, 2015, 155: 79~87.

[72] Parhi S S. Gainful utilization of spent pot lining-a hazardous waste from aluminum industry [D]. Rourkela, Odisha, India, National Institute of Technology, 2014.

[73] 刘志东. 铝电解槽废阴极综合利用研究 [D]. 昆明: 昆明理工大学, 2012.

[74] 鲍龙飞, 赵俊学, 唐雯聃, 等. 铝电解槽废阴极的分选与回收利用 [J]. 中国有色冶金, 2014, 43 (3): 51~54.

[75] 曹晓舟, 时园园, 赵爽, 等. 铝电解槽废阴极炭块中有价组分的回收 [J]. 东北大学学报 (自然科学版), 2014, 35 (12): 1746~1749.

[76] 詹磊, 牛庆仁, 贺华, 等. 铝电解废阴极炭块无害化综合利用工业实践 [J]. 轻金属, 2013 (10): 59~62.

[77] 陈俊贤, 王建军. 铝电解槽废阴极炭块的综合利用方法: 中国, CN102161049A [P]. 2011-08-24.

[78] 陈俊贤, 王建军. 一种铝电解槽废阴极炭块生产铝用阳极的方法: 中国, CN102146570A [P]. 2011-08-10.

[79] 申士富. 一种从电解铝废阴极炭块中回收石墨的方法: 中国, CN101811695A [P]. 2010-08-25.

[80] 赵俊学, 贾柏林, 胡晓滨, 等. 一种铝电解废阴极材料的综合利用方法: 中国, CN105132949A [P]. 2015-12-09.

[81] 邹彪. 一种回收利用铝电解废物料生产铝用电解质并回收碳的方法: 中国, CN103726074A [P]. 2014-04-16.

[82] 邹建明. 一种电解槽大修槽渣的深度资源化综合利用方法: 中国, CN102978659A [P]. 2013-03-20.

[83] 杨万章, 陈本松. 铝电解废阴极制备阳极实验及应用实践 [J]. 轻金属, 2017 (4): 30~33.

[84] Gao L, Mostaghel S, Ray S, et al. Using SPL (spent pot-lining) as an alternative fuel in metallurgical furnaces [J]. Metallurgical & Materials Transactions E, 2016, 3 (3): 179~188.

[85] Mazumder B M B. Conversion of byproduct carbon obtained from spent pot liner treatment plant of aluminum industries to blast furnace tap hole mass [J]. Iosr Journal of Applied Chemistry, 2013, 3 (5): 24~30.

[86] Gomes V, Drumond P Z, Neto J O P, et al. Co-processing at cement plant of spent potlining from the aluminum industry [M]. Essential Readings in Light Metals. Springer International Publishing, 2016: 1057~1063.

[87] Renó M L G, Torres F M, Silva R J D, et al. Exergy analyses in cement production applying waste fuel and mineralizer [J]. Energy Conversion & Management, 2013, 75: 98~104.

[88] Meirelles B, Santos H. Economic and environmental alternative for destination of spent pot lining from primary aluminum production [C]//TMS Light Metals, 2014: 565~570.

[89] Yu D, Chattopadhyay K. Numerical simulation of copper recovery from converter slags by the utilisation of spent potlining (SPL) from aluminium electrolytic cells [J]. Canadian

Metallurgical Quarterly, 2016, 55（2）: 251~260.

[90] 谢刚. 铝电解废炭素阴极利用现状及发展趋势 [J]. 云南冶金, 2012, 41（5）: 44~47.

[91] Do-Prado U S, Martinelli J R, Bressiani J C. Use of spent pot linings from primary aluminium as raw materials for the production of opal glasses [J]. Glass Technology European Journal of Glass Science and Technology part A, 2010, 51（5）: 205~208.

[92] Krüger P V. Use of spent potlining（SPL）in ferro silico manganese smelting [C]//TMS Light Metals, 2011: 275~280.

[93] Usón A A, López A M, Ferreira G, et al. Uses of alternative fuels and raw materials in the cement industry as sustainable waste management options [J]. Renewable and Sustainable Energy Reviews, 2013, 23: 242~260.

[94] 陈喜平. 电解铝废槽衬处理技术的最新研究 [J]. 轻金属, 2011（12）: 21~24.

[95] 梁克韬, 段中波. 东兴铝业废阴极炭块综合利用研究 [J]. 酒钢科技, 2015（2）: 1~5.

[96] 路坊海. 废阴极炭粉高温还原高铁赤泥实验 [J]. 轻金属, 2015（1）: 9~11.

[97] 杨会宾, 田金承, 曹继利. 废阴极炭块在水泥生产中的应用研究 [J]. 轻金属, 2008（2）: 59~61.

[98] 宁平, 张慧娜, 方祖国, 等. 利用煤矸石处理铝电解槽废槽衬的方法: 中国, CN101357367A [P]. 2009-09-19.

[99] 任必军, 侯飞瑞, 张玉辉, 等. 一种铝电解槽再生碳化硅粉的应用方法: 中国, CN102226286B [P]. 2011-04-13.

[100] 符岩, 翟秀静, 吕子剑, 等. 微波加热赤泥和铝电解废阴极炭块合成碳化硅的方法: 中国, CN102502641A [P]. 2012-06-20.

[101] 翟秀静, 符岩, 畅永锋, 等. 微波加热粉煤灰和铝电解废阴极炭块合成碳化硅的方法: 中国, CN102502640A [P]. 2012-06-20.

[102] 袁威, 金自钦, 杨毅. 铝电解废阴极的工艺矿物学研究 [J]. 云南冶金, 2012, 41（6）: 64~68.

[103] Somerville M, Davidson R, Wright S, et al. Liquidus and primary-phase determinations of slags used in the processing of spent pot lining [J]. Journal of Sustainable Metallurgy, 2017, 3: 486~494.

[104] Silveira B I, Dantas A E, Blasquez J E, et al. Characterization of inorganic fraction of spent potliners: evaluation of the cyanides and fluorides content [J]. Journal of Hazardous Materials, 2002, 89（2）: 177~183.

[105] Sleap S B, Turner B D, Sloan S W. Kinetics of fluoride removal from spent pot liner leachate（SPLL）contaminated groundwater [J]. Journal of Environmental Chemical Engineering, 2015, 3（4）: 2580~2587.

[106] Lisbona D F, Steel K M. Treatment of spent pot-lining for recovery of fluoride values [C]//TMS Light Metals, 2007: 843~848.

[107] Lisbona D F, Somerfield C, Steel K M. Treatment of spent pot-lining with aluminum anodizing wastewaters: selective precipitation of aluminum and fluoride as an aluminum hydroxyfluoride

hydrate product [J]. Industrial & Engineering Chemistry Research, 2012, 51 (39): 12712~12722.

[108] 王强华. 对延长大型铝电解槽使用寿命的探讨 [C] //中国有色金属学会学术年会, 2010: 23~26.

[109] 陈喜平, 田保红, 李旺兴, 等. 废槽衬火法处理过程热力学分析 [J]. 有色金属 (冶炼部分), 2004 (5): 19~21.

[110] 李楠, 谢刚, 高磊, 等. 复配捕收剂在铝电解废阴极浮选当中的应用 [J]. 轻金属, 2014 (11): 28~31.

[111] 赵宝华. 废阴极碳燃烧特性与热解特性的实验研究 [D]. 北京: 中国科学院, 2003.

[112] 张博, 赵俊学, 梁李斯, 等. 铝电解槽废阴极在有氧和无氧环境的反应特性研究 [J]. 轻金属, 2015 (5): 27~30.

[113] 王维, 贾元帅, 王可桢, 等. 铝电解废阴极盐酸浸出动力学分析 [J]. 环境工程学报, 2014, 8 (11): 4998~5002.

[114] Ansari F, Ghaedi M, Taghdiri M, et al. Application of ZnO nanorods loaded on activated carbon for ultrasonic assisted dyes removal: Experimental design and derivative spectrophotometry method [J]. Ultrasonics Sonochemistry, 2016, 33: 197~209.

[115] Luján-Facundo M J, Mendoza-Roca J A, Cuartas-Uribe B, et al. Cleaning efficiency enhancement by ultrasounds for membranes used in dairy industries [J]. Ultrasonics Sonochemistry, 2016, 33: 18~25.

[116] Shanei A, Shanei M M. Effect of gold nanoparticle size on acoustic cavitation using chemical dosimetry method [J]. Ultrasonics Sonochemistry, 2017, 34: 45~50.

[117] Chemat S, Aissa A, Boumechhour A, et al. Extraction mechanism of ultrasound assisted extraction and its effect on higher yielding and purity of artemisinin crystals from Artemisia annua, L. leaves [J]. Ultrasonics Sonochemistry, 2017, 34 (34): 310~316.

[118] Ji J, Lu X, Cai M, et al. Improvement of leaching process of geniposide with ultrasound [J]. Ultrasonics Sonochemistry, 2006, 13 (5): 455~462.

[119] Beşe A V. Effect of ultrasound on the dissolution of copper from copper converter slag by acid leaching [J]. Ultrasonics Sonochemistry, 2007, 14 (6): 790~796.

[120] Chang J, Zhang E, Zhang L, et al. A comparison of ultrasound-augmented and conventional leaching of silver from sintering dust using acidic thiourea [J]. Ultrasonics Sonochemistry, 2017, 34: 222~231.

[121] Zhang L B, Guo W, Peng J, et al. Comparison of ultrasonic-assisted and regular leaching of germanium from by-product of zinc metallurgy [J]. Ultrasonics Sonochemistry, 2016, 31: 143~149.

[122] Oh J Y, Choi S D, Kwon H O, et al. Leaching of polycyclic aromatic hydrocarbons (PAHs) from industrial wastewater sludge by ultrasonic treatment [J]. Ultrasonics Sonochemistry, 2016, 33: 61~66.

[123] Balakrishnan S, Reddy V M, Nagarajan R. Ultrasonic coal washing to leach alkali elements

from coals [J]. Ultrasonics Sonochemistry, 2015, 27: 235~240.

[124] Ambedkar B, Nagarajan R, Jayanti S. Ultrasonic coal-wash for de-sulfurization [J]. Ultrasonics Sonochemistry, 2011, 18: 718~726.

[125] Savic-Bisercic M, Pezo L, Sredovic-Ignjatovic I, et al. Ultrasound and shacking-assisted water-leaching of anions and cations from fly ash [J]. Journal of the Serbian Chemical Society, 2015, 81 (7): 813~827.

[126] Zhang R L, Zhang X, Tang S, et al. Ultrasound-assisted HCl-NaCl leaching of lead-rich and antimony-rich oxidizing slag [J]. Ultrasonics Sonochemistry, 2015, 27: 187~191.

[127] 薛娟琴, 毛维博, 卢曦, 等. 超声波辅助硫化镍矿氧化浸出动力学 [J]. 中国有色金属学报, 2010, 20 (5): 1013~1020.

[128] Yu D, Mambakkam V, Rivera A H, et al. Spent potlining (SPL): A myriad of opportunitites [N]. Aluminium International Today, 2015-09-10.

[129] 李楠. 浮选法综合回收利用低碳品位废阴极工艺研究 [D]. 昆明: 昆明理工大学, 2015.

[130] 魏金枝, 秦梅. 工科大学化学 [M]. 北京: 化学工业出版社, 2015: 31~50.

[131] 李洪桂. 冶金原理 [M]. 北京: 科学出版社, 2005: 289~315.

[132] Takasu H, Funayama S, Uchiyama N, et al. Kinetic analysis of the carbonation of lithium or-thosilicate using the shrinking core model [J]. Ceramics International, 2018, 44 (10): 11835~11839.

[133] Behnajady B, Moghaddam J. Selective leaching of zinc from hazardous As-bearing zinc plant purification filter cake [J]. Chemical Engineering Research & Design, 2017, 117: 564~574.

[134] Zhao Z, An L, Zhang Y, et al. Application of orthogonal test method in mix proportion design of recycled lightweight aggregate concrete [C] //Advances in Materials, Machinery, Electronics. Advances in Materials, Machinery, Electronics (AMME), 2017: 060007.

[135] Indurkar P D. Optimization in the treatment of spent pot lining-a hazardous waste made safe [D]. Rourkela, Odisha, India: National Institute of Technology, 2014.

[136] 谢红艳, 王吉坤, 路辉, 等. 加压浸出低品位锰矿的工艺 [J]. 中国有色金属学报, 2013 (6): 1701~1711.

[137] Ali M, Huang Q, Lin B, et al. The effect of hydrolysis on combustion characteristics of sewage sludge and leaching behavior of heavy metals [J]. Environmental Technology, 2018, 39 (20): 2632~2640.

[138] Lee J, Kim J, Hyeon T. Recent progress in the synthesis of porous carbon materials [J]. Journal of Jinan University, 2010, 18 (16): 2073~2094.

[139] Guo S, Zhou X, Song S, et al. Optimization of leaching conditions for removing sodium from sodium-rich coals by orthogonal experiments [J]. Fuel, 2017, 208: 499~507.

[140] 陈曦. 基于光纤光栅的液体黏度在线测量方法的研究 [D]. 天津: 天津大学, 2017.

[141] 杨显万, 邱定蕃. 湿法冶金 [M]. 2 版. 北京: 冶金工业出版社, 2011: 154~190.

[142] Zhang Y, Ma J, Qin Y, et al. Ultrasound-assisted leaching of potassium from phosphorus-po-

tassium associated ore [J]. Hydrometallurgy, 2016, 166: 237~242.

[143] Xiao J, Yuan J, Tian Z, et al. Comparison of ultrasound-assisted and traditional caustic leaching of spent cathode carbon (SCC) from aluminum electrolysis [J]. Ultrasonics Sonochemistry, 2018, 40: 21~29.

[144] 尹升华, 王雷鸣, 陈勋. 矿石粒径对次生硫化铜矿浸出规律的影响 [J]. 中南大学学报 (自然科学版), 2015, (8): 2771~2777.

[145] Ahn H, Choi S. A comparison of the shrinking core model and the grain model for the iron ore pellet indurator simulation [J]. Computers & Chemical Engineering, 2017, 97: 13~26.

[146] Yang K, Zhang W, He L, et al. Leaching kinetics of wolframite with sulfuric-phosphoric acid [J]. Chinese Journal of Nonferrous Metals, 2018, 28 (1): 175~182.

[147] Augis J A, Bennett J E. Calculation of the avrami parameters for heterogeneous solid state reactions using a modification of the kissinger method [J]. Journal of Thermal Analysis, 1978, 13 (2): 283~292.

[148] Jonas J J, Quelennec X, Jiang L, et al. The avrami kinetics of dynamic recrystallization [J]. Acta Materialia, 2009, 57 (9): 2748~2756.

[149] 张晋霞, 邹玄, 牛福生. 含锌高炉瓦斯泥浸出过程动力学研究 [J]. 金属矿山, 2017, 46 (6): 80~84.

[150] Yuan J, Xiao J, Li F, et al. Co-treatment of spent cathode carbon in caustic and acid leaching process under ultrasonic assisted for preparation of SiC [J]. Ultrasonics Sonochemistry, 2018, 41: 608~618.

[151] Bishoyi N. Treatment of spent pot lining by chemical leaching using nitric acid for enrichment of its fuel value and optimization of the process parameters [D]. Rourkela, Odisha, India: National Institute of Technology, 2015.

[152] Daher A M. Recovery and separation of HF and Zr from alkaline processing of egyptian beach sand zircon concentrate [D]. Minia: Minia University, 1999.

[153] Yuan J, Xiao J, Tian Z, et al. Optimization of purification treatment of spent cathode carbon from aluminum electrolysis using response surface methodology (RSM) [J]. Asia-Pacific Journal of Chemical Engineering, 2018, 13 (1): 2164.

[154] Ayele L, Pérez-Pariente J, Chebude Y, et al. Conventional versus alkali fusion synthesis of zeolite A from low grade kaolin [J]. Applied Clay Science, 2016, 132~133: 485~490.

[155] Mei X, Zheng H, Shao H, et al. Alkali fusion of bentonite to synthesize one-part geopolymeric cements cured at elevated temperature by comparison with two-part ones [J]. Construction & Building Materials, 2017, 130: 103~112.

[156] Maatoug N, Delahay G, Tounsi H. Valorization of vitreous China waste to EMT/FAU, FAU and Na-Pzeo type materials [J]. Waste Management, 2018, 74: 21~29.

[157] Li D, Guo X, Xu Z, et al. Metal values separation from residue generated in alkali fusion-leaching of copper anode slime [J]. Hydrometallurgy, 2016, 165: 290~294.

[158] 马路路. 以煤基焦粉为原料制备锂离子电池负极材料的研究 [D]. 长沙: 中南大学, 2014.

[159] Boczkaj G, Fernandes A. Wastewater treatment by means of advanced oxidation processes at basic pH conditions: A review [J]. Chemical Engineering Journal, 2017, 320: 608~633.

[160] 高海生. 化学沉淀法处理含氟废水的研究 [D]. 太原: 太原理工大学, 2014.

[161] 张博. 铝电解槽废阴极处置过程中 F⁻ 的迁移规律 [D]. 西安: 西安建筑科技大学, 2015.

[162] 梁磊, 郭奋. 碳分纳米氢氧化铝悬浮液的流变行为与纳米粒子团聚 [J]. 北京化工大学学报 (自然科学版), 2006, 33 (2): 17~22.

[163] Luque-Almagro V M, Moreno-Vivián C, Roldán M D. Biodegradation of cyanide wastes from mining and jewellery industries [J]. Current Opinion in Biotechnology, 2016, 38: 9~13.

[164] Tschöpe K. Degradation of cathode lining in hall-héroult cells [D]. Norway: Norwegian University of Science and Technology, 2010.

[165] 杨显万. 高温水溶液热力学数据计算手册 [M]. 北京: 冶金工业出版社, 1983: 26~53.

[166] Dean J A. Lange's handbook of chemistry [M]. Advanced Manufac- turing Processes, 2010, 5 (4): 687~688.

[167] 宁哲. 综合利用高灰分废弃焦粉制备碳质还原剂的研究 [D]. 昆明: 昆明理工大学, 2013.

[168] Yuan J, Xiao J, Tian Z, et al. Optimization of spent cathode carbon purification process under ultrasonic action using taguchi method [J]. Industrial & Engineering Chemistry Research, 2018, 57 (22): 7700~7710.

[169] 丁宏娅. 采用改进酸碱联合法从高铝粉煤灰中提取氧化铝的研究 [D]. 北京: 中国地质大学, 2007.

[170] 黄继武, 李周. 多晶材料 X 射线衍射 [M]. 北京: 冶金工业出版社, 2013: 95~98.